红宝石
蓝宝石

Ruby Sapphire

何明跃　王春利　编著

中国科学技术出版社
·北　京·

图书在版编目（CIP）数据

红宝石 蓝宝石 / 何明跃，王春利编著 . —北京：中国科学技术出版社，2015.10

ISBN 978-7-5046-6989-6

Ⅰ. ①红… Ⅱ. ①何… ②王… Ⅲ. ①红宝石—研究 ②蓝宝石—研究 Ⅳ. ① TS933.21

中国版本图书馆 CIP 数据核字（2015）第 228401 号

策划编辑	董素民 赵 晖
责任编辑	赵 晖 郭秋霞
装帧设计	中文天地
责任校对	刘洪岩
责任印制	张建农

出　　版	中国科学技术出版社
发　　行	科学普及出版社发行部
地　　址	北京市海淀区中关村南大街 16 号
邮　　编	100081
发行电话	010-62103130
传　　真	010-62179148
网　　址	http://www.cspbooks.com.cn

开　　本	889mm × 1194mm 1/16
字　　数	240 千字
印　　张	12.5
版　　次	2016 年 1 月第 1 版
印　　次	2016 年 1 月第 1 次印刷
印　　数	1-8000 册
印　　刷	北京华联印刷有限公司
书　　号	ISBN 978-7-5046-6989-6 / TS · 77
定　　价	188.00 元

序
Foreword

在人类文明发展的悠久历史上，宝石的发现和使用无疑是璀璨耀眼的那一抹彩光。随着人类前进的脚步，一些珍贵的品种不断涌现，这些美好的珠宝首饰，很多作为个性十足的载体，独特、深刻地记录了人类物质文明和精神文明的进程。特别是那些精美的珠宝玉石艺术品，不但释放了自然之美，魅力天成，而且凝聚着人类的智慧之光，是人与自然、智慧与美的结晶。在这些作品面前，岁月失语，唯石、唯金、唯工能言。

如今，我们进入了“大众创新、万众创业”的新时代。而作为拥有强烈社会责任感和文化使命感的北京菜市口百货股份有限公司（以下简称菜百公司），积极与国际国内珠宝首饰众多权威机构和名优企业合作，致力于自主创新，创立了自有珠宝品牌，设计并推出丰富的产品种类，这些产品因其深厚的文化内涵和历史底蕴而引领大众追逐时尚的脚步。菜百公司积极和中国地质大学等高校及科研机构在技术研究和产品创新方面开展合作，实现产学研相结合，不断为品牌注入新的生机与活力，从而将优秀的人类文明传承，将专业的珠宝知识传播，将独特的品牌文化传递。新时代，新机遇，菜百公司因珠宝广交四海，以服务走遍五湖。面向世界我们信心满怀、面向未来我们充满期待。

通过本丛书的丰富内容和诸多作品的释义，旨在记录我们这个时代独特的艺术文化和社会进程，为中国珠宝玉石文化的传承有序做出应有的贡献。感谢本丛书所有参编人员的倾情付出，因为有你们，这套丛书得以如期出版。

中国是一个古老而伟大的国度，几千年来的历史文化是厚重的，当代的我们将勇于担当，肩负起中华珠宝文化传承和创新的重任。

北京菜市口百货股份有限公司董事长

作者简介
Author profile

何明跃，中共党员，博士，教授。现任中国地质大学（北京）珠宝学院院长，主要从事宝石学、矿物学的教学和科研工作。曾荣获北京市高等学校优秀青年骨干教师、北京市优秀教师、北京市优秀青年骨干教师、北京市德育教育先进工作者、北京市建功立业标兵等称号。现兼任全国珠宝玉石质量检验师考试专家委员会副秘书长、全国珠宝玉石标准化技术委员会委员、全国首饰标准化技术委员会委员、中国资产评估协会珠宝首饰艺术品评估专业委员会委员、中国黄金协会科学技术奖评审委员、中国矿物岩石地球化学学会第五届委员等职务，国家珠宝玉石质量检验师。

主持和参加多项国家级科研项目，发表了数十篇学术论文和近十部专著，所著图书《翡翠鉴赏与评价》在翡翠收藏和珠宝教学等方面有重要的指导意义；出版的《新英汉矿物种名称》作为地球科学领域权威的工具书，对专业教学和科研工作提供了有效服务。

作者简介
Author profile

王春利，研究生学历，现任北京菜市口百货股份有限公司董事、总经理，中共党员，长江商学院EMBA，高级黄金投资分析师，比利时钻石高层议会钻石分级师，中国珠宝首饰行业协会副会长、中国珠宝首饰行业协会首饰设计专业委员会主任、彩宝专业委员会名誉主席、全国珠宝玉石标准化技术委员会委员、全国首饰标准化技术委员会委员、上海黄金交易所交割委员会委员。

“创新、拼搏、奉献、永争第一”是菜百精神的浓缩，王春利用自己的努力把这种精神进一步诠释，“老老实实做人，踏踏实实做事”，带领菜百公司全体员工，确立了“做每个人的黄金珠宝顾问”的公司使命；以不断创新、勇于改革为目标，树立了“打造集团化运营的黄金珠宝饰品供应和服务商”这一宏伟愿景。

北京菜市口百货股份有限公司主要参与编著人员

刘　鸽

时　磊

杨　娜

卢　慧

阳　琳

王　宇

中国地质大学（北京）珠宝学院主要参与编著人员

曲　梦

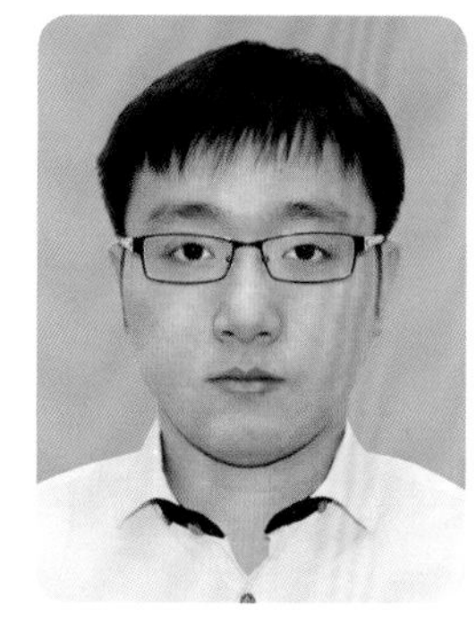
钟　锐

孟　龑

阎　双

李盈青

前言
Preface

红宝石和蓝宝石均是世界公认的名贵宝石，优质的红宝石和蓝宝石是难得的稀世珍宝，一直是皇室贵族钟爱的极品，象征权力、地位和财富。现如今，更因为色泽艳丽、高雅华贵、产出稀少而深受人们的喜爱和赞美。越来越多的人在佩戴、鉴赏、收藏自己钟爱的红宝石和蓝宝石，千百年来人们赋予了宝石热情、忠贞、仁爱、诚实和尊严的寓意，表达对幸福美好生活的憧憬。

欧洲皇室和贵族珍爱红宝石和蓝宝石。他们认为红宝石代表了权势与奢华，王室成员在宴会或正式活动中常佩戴红宝石首饰来彰显身份和地位。历史上许多红色的宝石，如著名的黑王子红宝石、帖木儿红宝石，以红宝石之名烙下了深深的印迹，其实后来它们被证实为红色尖晶石。而蓝宝石历来就有“帝王石”之称，象征皇室的权力与尊贵。著名的斯图尔特蓝宝石和圣·爱德华蓝宝石就被镶嵌在英帝国皇冠上，彰显其至高无上的尊贵地位，也曾是英国国王和俄国沙皇礼服上不可或缺的饰物。

在明清时期，蓝宝石也大量用于宫廷配饰中。

在西方传统文化中，红宝石被誉为“爱情之石”，象征着火热的爱恋和美满的婚姻，是结婚40周年的纪念宝石，即红宝石婚，同时红宝石也是7月的生辰石。蓝宝石被誉为“天国之石”，是太阳神阿波罗的圣石，拥有通透的深蓝色，似天空之城般的唯美，蓝宝石是结婚45周年的纪念宝石，即蓝宝石婚，蓝宝石也是9月的生辰石。

在东方传统文化中，蓝宝石被视为指路石，可以保护佩戴者不迷失方向，并且还能逢凶化吉。

红宝石和蓝宝石这两种珍贵美丽的宝石具有很亲的“血缘”关系，像是一对“孪生”兄弟，它们都同属于刚玉矿物种，化学成分为非常稳定的铝的氧化物（Al_2O_3），摩氏硬度为9，是自然界硬度很高的宝石矿物。根据国家标准《珠宝玉石 鉴定》GB/T 16553-2010，天然宝石级刚玉中红色的称为红宝石，其余颜色的统称为蓝宝石，包括蓝色、蓝绿色、绿色、黄色、橙色、粉色、紫色、黑色、灰色、无色等多种颜色。

本书是为适应我国珠宝市场的快速发展，为满足广大红宝石和蓝宝石从业人员以及爱好者学习和掌握实用专业知识的需要撰写的。在撰写过程中，作者多次考察红蓝宝石的泰国产地和市场、斯里兰卡产地和市场、美国图桑国际矿物珠宝展以及我国香港特别行政区和国内多处的国际珠宝展。在调研的基础上，与众多同行专家、相关研究机构、商家进行了深入的交流和探讨，归纳总结了已发表和出版的有关红宝石和蓝宝石的专著及学术论文等的研究成果。同时，书中还全面收集整理了北京菜市口百货股份有限公司（以下简称“菜百公司”）及红宝石和蓝宝石营销人员多年珍藏的资料、图片，归纳总结了实际鉴定、质量分级、挑选和销售的经验。菜百公司董事长赵志良勇于开拓、锐意进取的精神，长期积极倡导与高校及科研机构在技术研究和产品开发方面的合作。菜百公司总经理王春利亲自带领员工到国内外红宝石和蓝宝石产出、加工、镶嵌制作及批发销售的国家和地区进行调研，使菜百公司在技术开发和人才培养方面取得很大的进展。

本书全面系统地对红宝石和蓝宝石的专业知识进行了论述，重点论述了红宝石与蓝宝石的历史与文化、基本性质、主要产地、红宝石和蓝宝石的优化处理、合成及相似品的鉴定特征、质量评价以及加工和市场等方面的知识；反映了红宝石和蓝宝石领域合作研究取得的丰硕成果，这些内容将对珠宝行业从业人员及收藏爱好者有很大的帮助。

本书由何明跃、王春利负责编写，其他参加人有刘鸽、时磊、杨娜、卢慧、阳琳、王宇等，以及中国地质大学（北京）的曲梦、钟锐、孟龑、阎双、李盈青等。在本书的前期研究和撰写过程中，我们得到了国内外学者、机构、学校和企业的鼎力支持，国家科技基础条件平台“国家岩矿化石标本资源共享平台”（http://www.nimrf.net.cn）提供图片和资料，国际有色宝石协会（ICA）提供了大量红蓝宝石矿区及宝石图片和资料；Roland Schluessel 和 Richard W. Hughes 提供了红宝石和蓝宝石显微照片和包裹体资料；Schwarz 提供了矿区图片和资料；irocks 晶体网站提供了红宝石和蓝宝石晶体结构图片。在此深表衷心的感谢，并向学者和朋友们提供的帮助致谢。感谢所有提供帮助和支持的专家、学者、网站、机构、学校和公司。

目录
Contents

春色

红宝石镶钻戒指

春季是万物复苏的季节，
千万只粉蝶破茧而出，
展现绚丽多彩的姿态。
翩翩起舞的蝴蝶跃然指上，
姹紫嫣红的春天悄悄来到。

第一章
Chapter 1
红宝石的历史与文化

红宝石因其色泽艳丽浓郁、火红炽热，深受人们喜爱。由于产出稀少，更显珍贵。红宝石是缅甸的国石，被誉为“爱情之石”，象征炽热的爱情和美满的婚姻。在西方传统文化中，红宝石是 7 月的生辰石，也是结婚 40 周年的纪念石。

第一节

红宝石名称的由来及其历史文化

一、红宝石名称的由来

红宝石，英文名“ruby”，源于拉丁文“ruber”，意指“红色”。中世纪时，人们把红宝石称为“rubinus”，直至近代，红宝石的英文名称才演变为“Ruby”。在印度梵文中，人们更是用“ratnaraj”（宝石之王）和“ratnanayaka”（宝石之冠）来赞誉红宝石。这说明早在数千年前，古印度人就极为珍爱红宝石（图 1-1、图 1-2）。

红宝石何时出现在中国并无确切考证。在《后汉书》（约 445 年）中出现了一种红色的宝石，称为赤玉。其他记载有“扶余出赤玉，挹娄出青玉”（《太平御览》，983 年）；“宝石红者，宋人谓之鞊鞨”（《本草纲目》，1590 年）；“大如巨栗，中国谓之‘鞊鞨’”（《丹铅总录》，约 1547 年）；“红鞊鞨大如巨栗，赤烂若朱樱，视之如不可触，触之甚坚不可破”（宋代高似孙《纬略》引唐代《唐宝记》等）。有的学者认为，古书记载的赤玉、火玉、鞊鞨等就是红宝石[①]。

元代时，强大的蒙古帝国打开了西亚与中国的通道，勇敢的阿拉伯商人带着各种宝石从遥远的斯里兰卡来到中原，也带来了阿拉伯宝石学。陶宗

① 这些可能是红色的宝石，但不一定是真正的红宝石。

图 1-1　花形红宝石镶钻项链

仪（1329—1412，元末明初史学家、文学家）在其所著《南村辍耕录》中详细描述了多种红色宝石。他根据阿拉伯语的发音，将“无白水，淡红色，娇”的红色宝石都记为“剌”，而“上有白水”的红色宝石则记为“红亚姑”。书中还记载：“回回石头，种类不一，其价亦不一。大德间，本土巨商中卖红剌一块于官，重一两三钱，估直中统钞一十四万锭，用嵌帽顶上。自后累朝皇帝相承宝重，凡正旦及天寿节大朝贺时则服用之。”可见其极其贵重。

直到 18 世纪，随着近代化学的兴起，人们才真正将红宝石同其他红色宝石区分开来，所以，文献中记载的 ruby 或者赤玉、剌等可能并不是红宝石，或许是其他的红色宝石。

红宝石这一名称在中国是何时出现的？迄今尚无据可查。据章鸿钊（1877—1951，中国近代著名地质学家）考证，这一名称至少在清代就已经开始使用了。

二、红宝石与宗教

在西方，红宝石早已出现在文献记载中。《圣经》（*Bible*）每当提到一些美好的人或事物时，总会拿红宝石来做比喻。如《箴言》（*Proverbs*）和《约伯记》（*Job*）中就有 3 条让后人们津津乐道的谚语：

She is more precious than rubies.

她比红宝石更珍贵。

For the price of wisdom is above rubies.

智慧的价值比红宝石更高。

Who can find a virtuous woman? For her price is above rubies.

谁能娶得贤惠的女人呢？她的价值超过了红宝石。

图 1-2　花形红宝石镶钻耳环

按照 11 世纪法国主教马尔伯·狄欧斯（Marbodius）的说法："红宝石是隐藏在喷火龙或双足飞龙额头中间的炙热之眼。"犹太人认为，红宝石是上帝创造的 12 种宝石中最为珍贵的。在耶稣使徒犹大的部落中，红宝石被尊为圣物。传说中，祭司亚伦胸甲中的第一行第一颗宝石就是红宝石。在伊斯兰教中，红宝石同样有非常重要的含义：亚当从天堂被驱逐到麦加时，他在一块陨石下面发现了红宝石，并奉命用它们修建了至今仍是穆斯林圣地的克尔白（Kaaba）。

三、红宝石与皇权

2000 多年来，人们一直都在孜孜不倦地追寻着更加完美的红宝石。尤其是皇室，他们认为，红宝石代表权力与高贵。竞相追逐之中，许多红色的宝石，如著名的黑王子红宝石、帖木儿红宝石，以红宝石之名在历史长河中深深地烙下了印迹，但后来它们被证实是与红宝石外观相似的红色尖晶石。

旃陀罗笈多二世维克拉姆帝亚（Chandragupta Ⅱ Vikramaditya，超日王，380—415，古印度笈多王朝第三位君主），听取了占星者的建议，将一颗名为贾特拉帕蒂·马尼克的红宝石（Chhatrapati Manik Ruby）镶嵌在了皇冠正中央，以彰显自己至高无上的地位。

在阿拔斯王朝时期（Abbsid Dynasty，750—1258，阿拉伯帝国的第二个世袭王朝），伊斯兰的统治者们规定，只有皇室成员才能使用红宝石。

14 世纪，卢森堡国王查尔斯四世在皇冠上镶嵌了一颗重达 250 克拉的高质量红宝石，作为皇权的象征。

近代，英国王室凭借海上霸权在全世界搜集了大量珍贵的红宝石，并将其制作成各式各样的皇冠、项链和戒指。皇室成员们也屡屡在宴会或正式活动中佩戴红宝石首饰，以彰显其权威。

1973 年，英国女王伊丽莎白二世从自己收藏的缅甸红宝石中挑选出上好的几颗，委托皇家珠宝商杰拉德珠宝公司（Garrard & Co）制成一顶精美的王冠，被称为“缅甸红宝石王冠”（the Burmese Ruby Tiara）。王冠被设计成花环状的红玫瑰，每朵红玫瑰的中心是由黄金和红宝石制成的，而其周围的花瓣是由银和钻石制成的。女王对这款王冠钟爱有加，常在一些重要场合佩戴。2008 年 10 月 21 日，英国女王伊丽莎白二世在斯洛文尼亚布尔多堡出席国宴时，就佩戴着这款红宝石王冠（图 1-3）。

图 1-3 英国女王伊丽莎白二世与缅甸红宝石王冠

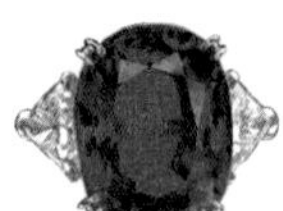

四、红宝石的文化寓意

在历史的长河中，红宝石在不同的地域都有美好的文化寓意。

一些早期的文化认为红宝石就像是血脉中流淌的鲜血，所以相信红宝石中蕴含着生命的活力。古埃及传说中，长期贴身佩戴红宝石就能拥有健康和快乐，红宝石的光芒还能够穿透衣物、培育生命、激发潜能，甚至驱逐邪恶、调和争端。马可·波罗（Marco Polo，1254—1324，意大利著名旅行家、商人）在他的游记中提到，古代缅甸人相信将红宝石植入身体可以使自己变得无懈可击。

在欧洲，人们认为红宝石能够预见危难。据说，亨利八世的第一任妻子就因所拥有的红宝石颜色逐渐变得暗淡而预见了自己即将面临的死亡。在俄罗斯的传统文化中，人们认

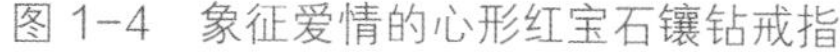

图 1-4　象征爱情的心形红宝石镶钻戒指

图 1-5　红宝石镶钻项坠

为红宝石能让人充满生命力，可以清洗血液，对心脏和大脑都有好处。美国土著人则相信，如果某人得到族长赐予的红宝石，那么他转世后将成为新的族长。

现在，很多人认为红宝石是太阳的象征，也有很多人认为红宝石代表热情、正直、忠诚、幸福，还将红宝石和爱情联系在一起，将其誉为“爱情之石”。自 1986 年安德鲁王子和弗格森女伯爵以红宝石戒指作为订婚信物之后，人们将红宝石对永恒爱情的诠释追捧到近乎疯狂的地步，使得红宝石逐渐成为当代婚礼上的新宠（图 1-4、图 1-5）。

第二节

世界著名的红宝石

一、卡门·露西娅红宝石

卡门·露西娅红宝石（Carmen Lucia Ruby）是以慈善家皮特·巴克妻子名字命名的。

这枚红宝石戒指（图 1-6），重 23.1 克拉（ct），原石于 20 世纪 30 年代发现于缅甸，切割琢磨后镶嵌在一枚铂金戒托上，其颜色和透明度都非常完美。

图 1-6　卡门·露西娅红宝石

卡门·露西娅出生于巴西，为商人和慈善家皮特·巴克（Peter Buck）的妻子，2002 年第一次听说了这颗红宝石，就十分向往，希望能有见一面的缘分。但是，病魔很快夺去了她的生命——2003 年死于癌症，终年 52 岁。虽然卡门·露西娅生前并没有拥有这颗红宝石，但是挚爱她的丈夫实现了她的遗愿。2004 年，皮特·巴克向史密森学会（Smithsonian Institution）捐款用以收购和展出这枚红宝石，并且以妻子的名字命名，以此作为永久的怀念。

二、格拉夫红宝石

伦敦珠宝商劳伦斯·格拉夫（Laurence Graff，格拉夫珠宝创始人）曾这样形容格拉夫红宝石（the Graff Ruby）："每克拉的价格的确很高，但是它的切工和颜色是我见过最好的。"

这颗红宝石重8.62克拉，原石产于缅甸，垫形切工，由宝格丽（Bvlgari）公司制作。2006年2月，佳士得拍卖行在瑞士圣莫里茨（St. Moritz）举行的拍卖会上，劳伦斯·格拉夫以3637480美元的高价拍得，创下当时的红宝石单克拉价格的世界纪录，举世震惊。随后，这颗宝石就被命名为格拉夫红宝石（图1-7）。

图1-7　格拉夫红宝石

三、萨弗拉的"希望"红宝石

图1-8　萨弗拉的"希望"红宝石

萨弗拉的"希望"红宝石（Lily Safra's "Hope" Ruby）创造了单颗红宝石的世界拍卖价纪录。

萨弗拉的"希望"红宝石（图1-8），重32.08克拉，原石产于缅甸抹谷，垫形琢型，由尚美珠宝公司（Chaumet）制作，原为Boisrouvray伯爵夫人Luz Mila Patino所珍藏，后为美国亿万富翁莉莉·萨弗拉所得。2012年5月12日，佳士得拍卖行在日内瓦举行的拍卖会中，这枚红宝石戒指以6243000瑞士法郎落槌，约合6742440美元，创造了单颗红宝石的世界拍卖价纪录。

四、阿兰卡普兰红宝石

阿兰卡普兰红宝石（Alan Caplan Ruby），重 15.97 克拉，曾是最高品质红宝石的标志。

在 1986 年的苏富比拍卖会上，阿兰卡普兰红宝石（图 1-9）拍出 363 万美元的高价，以 22.73 万美元每克拉的价格创造了当时红宝石单价的世界纪录。按照伦敦珠宝商劳伦斯·格拉夫的说法，他曾 3 次买入、卖出这颗红宝石，最近一次的成交价格为最初价格的 5 倍。

图 1-9　阿兰卡普兰红宝石

五、德隆星光红宝石

德隆星光红宝石（DeLong Star Ruby），是一颗失而复得的星光红宝石（图 1-10）。

德隆星光红宝石，重达 100.32 克拉，20 世纪 30 年代发现于缅甸。著名的宝石和矿物收藏家马丁·里奥·埃尔曼（Martin Leo Ehrmann）将其以 21400 美元出售给伊迪丝·哈金·德隆夫人（Edith Haggin DeLong）。1937 年，德隆夫人在纽约将这颗红宝石捐赠给美国自然历史博物馆（American Museum of Natural History）。

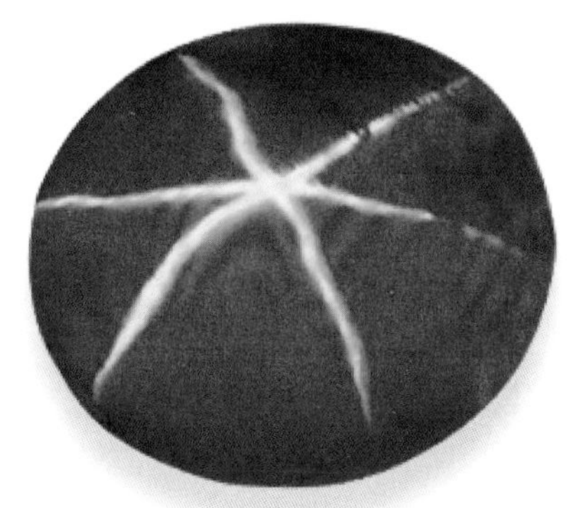

图 1-10　德隆星光红宝石

1964 年 10 月 29 日，德隆星光红宝石同大量名贵珠宝一起被杰克·罗兰·墨菲（Jack Roland Murphy）及其两个同伙盗走。1965 年 1 月，在迈阿密的一个巴士站更衣间找到一些被盗珠宝（包括著名的星光红宝石印度之星和午夜之星），但德隆星光红宝石并不在其中。后来，经过长达数月的协商，神秘的宝石持有者同意通过第三方以 25000 美元交还这颗红宝石。由佛罗里达州富商约翰·麦克阿瑟（John D. MacArthur）支付赎金，并在佛罗里达州的一个站台电话亭中将其赎回。

六、普埃塔斯红宝石

普埃塔斯红宝石（Puertas Ruby）曾为伊丽莎白·泰勒旧藏，创下红宝石单克拉价格的世界新纪录。

图 1-11　普埃塔斯红宝石

好莱坞传奇影星伊丽莎白·泰勒（Elizabeth Taylor）一生收集了大量名贵的珠宝。其中，最令她爱不释手的是 1968 年圣诞节她当时的丈夫理查德·波顿（Richard Burton）赠送的这枚重达 8.24 克拉的椭圆形缅甸红宝石戒指（图 1-11）。泰勒在 *My Love Affair with Jewelry* 一书中写道："打开指环盒子的那一刹那，我大喊了出来，声音大得可以震撼整座山，而且我停不下来，因为我知道眼前的红宝石是世间罕见的极品。"

2011 年 12 月，这枚戒指在佳士得纽约拍卖会上以 4226500 美元的天价（每克拉 512924.76 美元）创造了红宝石单克拉价格的世界新纪录，打破了之前由格拉夫红宝石保持的世界纪录。

七、布拉尼之星

图 1-12　布拉尼之星

布拉尼之星（Star of Bharany Ruby）曾为印度布拉尼（Bharany）皇族拥有。

布拉尼之星重 27.62 克拉，是一粒颜色庄重的星光红宝石（图 1-12），以 18K 黄金镶嵌，并配以 24 粒高品质钻石。最初为印度布拉尼皇族拥有，后来被 House of Louis XV 珠宝公司收购。

八、希克森红宝石

图 1-13　希克森红宝石

希克森红宝石（Hixon Ruby）是一个巨大的红宝石晶体（图 1-13），重达 196.1 克拉，产于缅甸，因溶蚀作用而呈明显的阶梯状外观，现收藏在美国加利福尼亚州洛杉矶市州立自然历史博物馆（Natural History Museum of Los Angeles County）。

第二章
Chapter 2
蓝宝石的历史与文化

蓝宝石颜色宁静深邃，象征忠诚、坚毅、慈爱。国际宝石学界将蓝宝石定为 9 月的生辰石，结婚 45 周年称为蓝宝石婚。星光蓝宝石被誉为“命运之石”，3 束星光带由中心向外发散，像是通往未来的光明之桥，分别象征忠诚、希望和博爱。

第一节

蓝宝石名称的由来及其历史文化

一、蓝宝石名称的由来

蓝宝石，英文名“sapphire”，源于拉丁文“sapphirus”或希腊文“sáppheiros”，意为“蓝色石头”。也有学者认为，蓝宝石名称起源于梵文“sanipriya”一词，意为“神圣的土星”（a dark colored stone sacred to Saturn）。而在希伯来文中，蓝宝石“sappir”一词有“完美”的意思。

虽然在外文文献中很早就有关于蓝宝石的记载，但是所描述的并非都是真正的蓝宝石。古希腊科学家泰奥弗拉斯托斯（Theophrastus，前 371—前 287）与古罗马博学家加伊乌斯·普林尼·塞坤杜斯（Gaius Plinius Secundus，也称老普林尼，公元 23—79，著有《博物志》）都曾在书中提及蓝宝石，称“蓝宝石”具有“繁星般的金斑点”。可见其真正描述的宝石品种应是青金石。

我国近代地质学家章鸿钊在《石雅》中记载，古时中国人更注重蓝宝石的颜色而非品质，故当时进入中国的蓝宝石颜色好而品质较差，其颜色外观与青金石相似，故借用青金石的名字“瑟瑟”。萨弗耶（sapphire）、萨弗耶洛斯（sappheiros）、萨菲粒斯（sapphirus）等词也都是指蓝宝石与青金石。章鸿钊认为：“语均相通而渊源尤甚久远，然则蓝宝石与青金石固常互袭其名矣。”即长久以来中文记载中有关于蓝宝石的描述，也可能是指青金石。

14世纪，阿拉伯人迪马士基（Dimashq）所著的《陆海奇观荟萃》中提到亚姑石是阿拉伯人最喜欢的宝石。“亚姑”即为刚玉，是阿拉伯语的音译。元末明初文史学家陶宗仪（1329—1410）所著的《南村辍耕录》（又称《辍耕录》）中描述：“青亚姑上等深青色。你蓝[①]中等浅青色。屋扑你蓝[②]下等如水样，带石浑青色。”除了蓝色蓝宝石外，文中还提及另两种颜色的蓝宝石——“黄亚姑”与“白亚姑”，即黄色与无色的蓝宝石。

二、蓝宝石与宗教

蓝宝石以其深邃动人的颜色，被蒙上了一层神秘的超自然面纱，并被赋予吉祥、神圣之意。早在数千年前，蓝宝石就被用来装饰清真寺、教堂和寺院，并作为宗教仪式的贡品。

蓝宝石是最适用的教士环冠宝石。传统作法是将基督教的十诫刻在蓝宝石上。中世纪时，神职人员佩戴象征天堂的蓝宝石首饰，以神的名义祈祷和祝福。民众则认为，蓝宝石能够得到上天的眷顾，用来祈福纳祥。人们还认为，蓝宝石使人恪守信念和贞操，增强精神能力，并能帮助人们从神谕中找到答案，甚至化干戈为玉帛。

《圣经》中多次提到蓝宝石：

“他们还见到了以色列之神，神的脚下有一条蓝宝石铺就的路若隐若现，与天堂浑然融为一体，一样的清澈明亮。”——《出埃及记》

“And they saw the God of Israel; and under His feet there appeared to be a pavement of sapphire, as clear as the sky itself.” ——*Exodus*

“城墙的根基是用各种各样的宝石装饰的：一是碧玉、二是蓝宝石、三是绿玛瑙、四是绿宝石。”——《启示录》[③]

“The foundation stones of the city wall were adorned with every kind of precious stone. The first foundation stone was jasper; the second, sapphire, the third, chalcedony; the fourth, emerald.” ——*Revelation*[④]

① “你蓝”为阿拉伯文中“靛，靛蓝”的音译（见商务印书馆《阿汉词典》1379页），是指浅蓝色的蓝宝石。

② 根据《阿汉词典》第1021页释义：“屋扑”为阿拉伯文“接近、靠近”的音译。“屋扑你蓝”是指接近靛蓝色的蓝宝石，以及比“你蓝”更浅的蓝宝石。

③ 该段《圣经》的中文译文引自中国基督教三自爱国运动委员会.《圣经·附赞美诗（新篇）》. 上海：中国基督教协会，2011。其中，“jasper”译为碧玉，为石英质玉石；宝石学中“chalcedony”应译为玉髓；“emerald”应译为祖母绿。

④ 英文《圣经》内容引自*New American Standard Bible*（*1995*）. Anaheim：Foundation Publication Inc，1998（1）.

三、蓝宝石与皇权

几千年以前，人们就将蓝宝石献给国王，以表达他们无尽的崇敬。蓝宝石历来就有“帝王石”之称，几乎每个时代的皇室贵族都被蓝宝石深深吸引。蓝宝石曾是英国国王、俄国沙皇皇冠和礼服上不可或缺的饰物，晶莹剔透的蓝宝石被镶嵌在王冠权杖之上，彰显了国王至高无上的尊贵地位。中国明清两代，蓝宝石也大量用作宫廷配饰。

（一）斯图尔特蓝宝石

斯图尔特蓝宝石（Stewart Sapphire），又称斯图亚特蓝宝石（Stuart Sapphire）。“斯图尔特”这一名称来源于苏格兰斯图尔特王朝（Scottish House of Stewart）。这颗蓝宝石重104克拉，椭圆弧面型，长约38.1mm，宽25.4mm，一端钻有一孔，以便将其作为坠饰佩戴。这样的做法在欧洲早期很常见。斯图尔特蓝宝石色泽鲜艳，是一颗优质的蓝宝石，更重要的是其蕴含的历史文化底蕴远高于其本身的市场价值。

斯图尔特蓝宝石具有悠久的历史传承，见证了历史的变迁。1214年镶嵌在苏格兰亚历山大二世（Alexander II of Scotland）的加冕皇冠上。1838年，维多利亚女王（Queen Victoria）将其镶嵌在帝国皇冠（Imperial Crown of State）的显著位置，放置于黑王子红宝石的下方，1909年被非洲之星二号（库里南II号）钻石所替代。现镶嵌在英国王冠背面相应的位置上。

图2-1　镶嵌在皇冠顶端的圣・爱德华蓝宝石

（二）圣・爱德华蓝宝石

圣・爱德华蓝宝石（St. Edward's Sapphire）（图2-1）是英国皇家珠宝中历史悠久的宝石之一，因英国国王圣・爱德华（亦称“忏悔者”爱德华，Edward the Confessor，1003—1066）而得名。最初镶嵌在圣・爱德华加冕典礼的戒指上，现镶嵌在帝国皇冠顶部十字架中央。据说，这颗宝石曾在查理二世统治时期被重新切割，最初切割成的款式并非现在的玫瑰琢型。

圣・爱德华蓝宝石不仅颜色艳丽、光彩夺目，更充满了非凡的传奇色彩。

传说，“忏悔者”爱德华非常崇拜福音传道者圣·约翰逊（St. John the Evangelist）。一天，在威斯敏斯特（Westminster）附近，爱德华碰到了一个乞丐。他将自己所有的钱都给了这个乞丐，连自己的戒指也给了他。不久，两个朝圣者在去往圣地的途中，在叙利亚（Syria）遇到了风暴。突然，前方出现亮光，一位老者在两名手持蜡烛的年轻人引领下走来。当得知这两个朝圣者是英国人，而爱德华是他们的国王之后，这位老者带他们来到一家旅馆，给他们食物和住所。第二天，当两位朝圣者离开的时候，老者告诉他们自己正是福音传道者圣·约翰逊，并委托这两个朝圣者将戒指交还给爱德华。临别时，圣·约翰逊说6个月后将在天堂和爱德华再相会。两位朝圣者回到英格兰，将戒指给了爱德华并转达了口信，爱德华认出了戒指，便开始筹备葬礼。6个月后，爱德华国王逝世，他的遗体安葬在威斯敏斯特，佩戴着那枚戒指。据说在公元12世纪，爱德华的墓被打开，戒指便归当时的国王所有了。

镶有斯图尔特蓝宝石和圣·爱德华蓝宝石的英国皇冠现藏在伦敦塔珍宝馆里，那里还展出了英国王室的其他仪式性珠宝。

（三）维多利亚女王的蓝宝石胸针

图2-2　维多利亚女王的蓝宝石胸针
（图片来源：blog.myloveweddingring.com）

维多利亚女王（Queen Victoria，1819—1901）象征一个时代。她创造了英国最辉煌的时代，至高无上的皇权也极大地满足了她对珠宝的欲望。虽然已经拥有无数的世间珍宝，但在日记中，她坦言最心爱的珠宝还是爱人阿尔伯特亲王（Prince Albert，1819—1861）送给她的那枚巨大的蓝宝石胸针（Prince Albert's Sapphire Brooch）（图2-2）。这枚胸针是由椭圆形蓝宝石及黄金制成，蓝宝石周围环绕着12颗圆形钻石。这颗蓝宝石具体的克拉重量从未被公开，由其大小可估计重20~30克拉。

1840年2月9日，阿尔伯特亲王在结婚前一天将这枚蓝宝石胸针送给维多利亚女王作为结婚礼物。在婚礼上，她佩戴的正是这枚胸针（图2-3），此后也经常佩戴。维多利亚女王与阿尔伯特亲王十分恩爱（图2-4），在阿尔伯特亲王去世后，她便将这枚见证美好爱情与坚贞誓言的蓝宝石胸针收藏起来，不再佩戴。

图 2-3　穿婚纱的维多利亚女王佩戴着蓝宝石胸针

图 2-4　维多利亚女王与阿尔伯特亲王

1952 年伊丽莎白二世登基并继承了这枚蓝宝石胸针。伊丽莎白二世对它也十分喜爱，她佩戴这枚胸针出席过一些重要场合，如 1961 年在白金汉宫与肯尼迪总统及夫人共进晚餐以及 1982 年威廉王子的洗礼。

（四）玛丽亚·亚历山德罗芙娜蓝宝石胸针

玛丽亚·亚历山德罗芙娜蓝宝石胸针（the Maria Alexandrovna Sapphire Brooch）（图 2-5），镶有一颗重达 260.37 克拉的蓝宝石，琢形款式独特新颖，由俄罗斯沙皇亚历山

图 2-5　玛丽亚·亚历山德罗芙娜蓝宝石胸针

图 2-6　蓝宝石胸针纪念邮票

（图片来源：famousdiamonds.tripod.com）

大二世（Alexander II of Russia，1818—1881）购买并赠送给他的妻子玛利亚·亚历山德罗芙娜（Maria Alexandrovna，1824—1880）。1971 年，苏联为这枚蓝宝石胸针发行纪念邮票（图 2-6）。现在，这枚珍贵的蓝宝石胸针是俄罗斯钻石基金会（Russian Diamond Fund）的一件重要收藏品，展出于俄罗斯莫斯科克里姆林宫博物馆。

（五）猎豹胸针

1936 年 12 月，即位不到一年的英国国王爱德华八世（Edward Ⅷ，1894—1972）为了与美国平民女子辛普森夫人结婚，毅然宣布退位，并被授予温莎公爵（Duke of Windsor）的头衔。为了表达爱意，温莎公爵授意卡地亚公司为公爵夫人设计了 4 款首饰：猎豹胸针（图 2-7）、Bib 项链、老虎长柄眼镜和鸭子头胸针。其中，猎豹胸针是卡地亚制作的第一款动物造型的珠宝：一只镶满钻石和蓝宝石的猎豹威严地蹲踞在一枚 152.35 克拉的克什米尔圆形蓝宝石上，猎豹的眼睛是两颗梨形的黄色彩钻。此后，温莎公爵夫人一直珍藏着这件由蓝宝石守护着的爱的礼物。1987 年，卡地亚公司最终以高价在苏富比拍卖会上购回了这枚传奇的胸针。

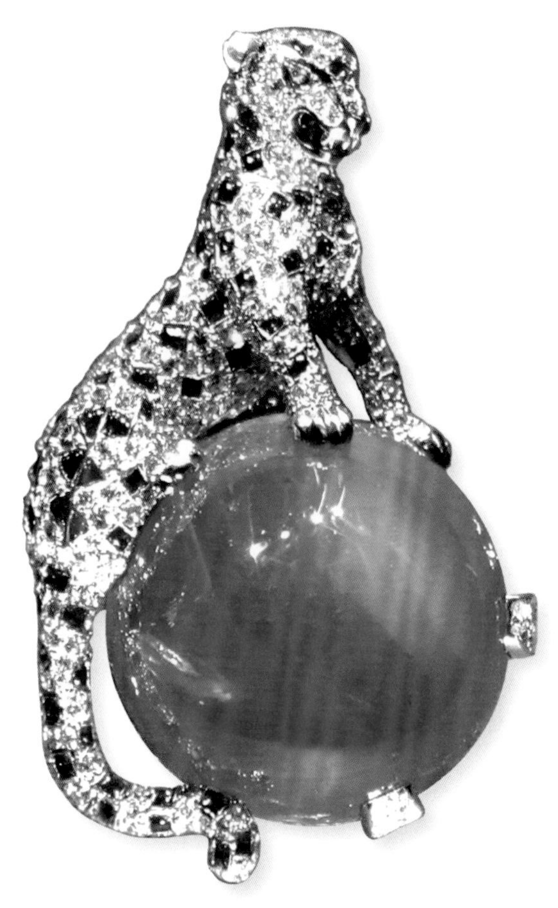

图 2-7　猎豹胸针
（图片来源：孟龑提供）

（六）戴安娜与蓝宝石戒指

蓝宝石是戴安娜王妃生前最钟爱的宝石品种之一。1981 年，戴安娜与查尔斯订婚（图 2-8），在皇室珠宝商 Garrard of Mayfair 提供的大量珍品中，王妃唯独钟情于这枚蓝宝石戒指。当时，这枚蓝宝石戒指价值 2.8 万英镑，以 18K 白金镶嵌，14 颗钻石围绕在 12 克拉的斯里兰卡蓝宝石周围，犹如众星捧月一般。这枚戒指让世界感受到了蓝宝石的魅力，一股蓝宝石热潮席卷全球。

2010 年，戴安娜和查尔斯之子——威廉王子与相恋 8 年的女友凯特（图 2-9）订婚，订婚戒指正是当年戴安娜的订婚戒指（图 2-10）。威廉王子希望通过这种方式让母亲分享他们的喜悦。

图 2-8　戴安娜王妃与查尔斯王子

图 2-9　威廉王子与凯特王妃的婚礼

图 2-10　英国皇室传承的蓝宝石订婚戒指

四、蓝宝石的文化寓意

古希腊传说中，蓝宝石是太阳神阿波罗的圣石。因其具有通透的深蓝色，如同天空之城般唯美，从而有“天国之石”的美称。佩戴蓝宝石的天神普罗米修斯创造了人类。他是人类之师，让人类感知幸福的源泉，更指引人类追寻蓝宝石的光辉，汲取蓝宝石所赐予

图 2-11　蓝宝石镶钻戒指

图 2-12　蓝宝石镶钻项坠

的强大力量。古代希腊和古罗马的统治者都相信，蓝宝石可以维护他们的统治。古波斯人认为，大地是由一颗巨大的蓝宝石支撑起来的，蓝宝石的反光使天空呈蓝色。

在东方，人们相信蓝宝石具有抵抗邪恶的能力。传说中，蓝宝石被视为指路石，可以保护佩戴者不迷失方向，还能逢凶化吉。传奇探险家理查德·弗朗西斯·伯顿（Richard Francis Burton，1821—1890,《一千零一夜》的译者）拥有一颗硕大的星光蓝宝石，他把这颗蓝宝石视为护身符并随身携带，认为它能给自己带来好运和及时的帮助。

历史上，蓝宝石就和爱情结下了不解之缘。现在，蓝宝石仍被视为纯洁、忠诚爱情的象征。人们认为，热恋可以使蓝宝石的光彩更加夺目。相恋、相爱的人们佩戴蓝宝石戒指，会带来幸福和美满。

在西方文化中，蓝宝石是结婚 45 周年纪念宝石（图 2-11、图 2-12）。相伴一生的老夫妇，用深邃的蓝宝石，纪念相互之间近半个世纪的包容和相守。

第二节

世界著名的蓝宝石

一、东方蓝巨人

东方蓝巨人（Blue Giant of the Orient）是迄今为止世界上最大的宝石级刻面蓝宝石。

东方蓝巨人是一颗垫形蓝宝石（图 2-13），重达 486.52 克拉，是全球珠宝中的稀世珍品。1907 年，其原石发现在斯里兰卡 Kuruwita 镇，当时的报道称其价值为 7000 英镑。1972 年，斯里兰卡人将这颗宝石卖给日本人，此后便杳无音讯。直到 2004 年这颗蓝宝石才出现在日内瓦的佳士得拍卖会上，但并未当场成交，据报道是场下以 100 万美元成交。这是迄今为止被拍卖的最大的宝石级刻面蓝宝石。

图 2-13　东方蓝巨人
（图片来源：www.gemfind.net）

早期的报道称，这颗蓝宝石由超过 600 克拉的原石，加工成为 466 克拉，与上述重量不符。486.52 克拉这一数据是由佳士得拍卖公司公布的。这 20 多克拉的重量差异很可能是早期错误的记录，或是测量失准造成的。倘若佳士得公布的数据准确，那么 486.52 克拉的东方蓝巨人便是迄今为止世界上最大的宝石级刻面蓝宝石。

图 2-14　洛根蓝宝石

二、洛根蓝宝石

洛根蓝宝石（Logan Sapphire）（图 2-14）重 423 克拉，色彩浓艳动人，采自斯里兰卡。这颗瑰丽的蓝宝石被加工为胸针，周围环绕着 20 颗圆形钻石，总重约 16 克拉。1960 年，华盛顿名媛洛根女士［Mrs. John A.（Polly）Logan］将其捐赠给史密森学会，现收藏在华盛顿的美国国家自然历史博物馆（the National Museum of Natural History）。

三、罗马尼亚玛利丽王后的蓝宝石

罗马尼亚玛利丽王后的蓝宝石（Queen Marie of Romania's Sapphire）是一颗巨大的垫形蓝宝石（图 2-15），重达 478.68 克拉，不仅是蓝宝石中的精品，还富有历史价值。1919 年，在西班牙圣赛瓦斯蒂安（San Sebastian）玛利亚克里斯蒂娜酒店（Hotel Maria Cristina）的珠宝展上，卡地亚公司将这颗蓝宝石作为最引以为傲的展品展出。两年后，罗马尼亚国王费迪南德（King Ferdinand of Romania，1865—1927）购买了这颗蓝宝石赠给他的妻子玛利丽王后（Queen Marie，1875—1938）。

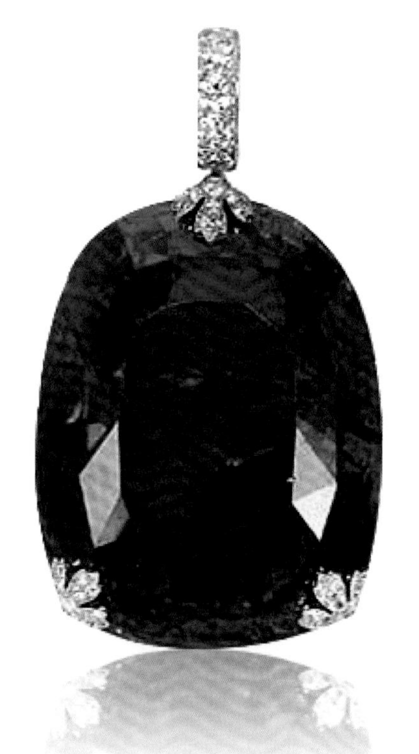

图 2-15　罗马尼亚玛利丽王后的蓝宝石
（图片来源：famousdiamonds.tripod.com）

四、昆士兰黑星

昆士兰黑星（Black Star of Queensland）是一颗黑色星光蓝宝石，是世界上最大的星光蓝宝石（图2-16），重达733克拉。1938年发现于澳大利亚昆士兰州（Queensland），原石重1165克拉。由Kazanjian兄弟于1948年购买了原石并进行切割。1960年，昆士兰黑星曾与希望钻石（Hope Diamond）一同在华盛顿的美国国家自然历史博物馆展出。

图2-16　昆士兰黑星
（图片来源：www.diamondland.be）

五、印度之星

印度之星（Star of India）（图2-17），重563克拉，直径6.35cm，比高尔夫球还大，是目前世界上最大的蓝色星光蓝宝石（第二大星光蓝宝石，最大的星光蓝宝石是黑色的昆士兰黑星）。内部的金红石包裹体使其具有乳白色的外观，并呈现出完美的六射星光，实属稀世珍宝。

图2-17　印度之星

这颗蓝宝石于16世纪产自斯里兰卡，是印度当权者的珍宝，后由英国军队的军官从印度带回英国。1901年，皮尔彭特·摩根（J.Pierpont Morgan，美国银行家，艺术收藏家，1837—1913）将此宝石捐赠给纽约的美国国家自然历史博物馆。这颗珍贵的蓝宝石曾于1964年10月28日在美国国家自然历史博物馆4楼被盗，所幸失而复得。

六、亚洲之星

闪耀着六射星光的天然蓝宝石——亚洲之星（Star of Asia）（图2-18），重329.7克拉，产自缅甸，据说曾属于印度焦特布尔的大君（大王）（Maharajah of Jodhpur），现收藏在华盛顿的美国国家自然历史博物馆。

图2-18　亚洲之星
（图片来源：www.allaboutgemstones.com）

第三章

Chapter 3

红宝石和蓝宝石的宝石学性质

第一节

红宝石和蓝宝石的基本性质

一、矿物名称

红宝石、蓝宝石的矿物种名称为刚玉（Corundum）。

二、化学成分

红宝石、蓝宝石的主要成分为三氧化二铝（Al_2O_3），红宝石主要含有铬（Cr）、铁（Fe）等微量元素；蓝宝石按颜色的不同可含有铁（Fe）、钛（Ti）、钒（V）、锰（Mn）等微量元素。

三、晶族晶系

红宝石、蓝宝石属于中级晶族，三方晶系。

四、晶体结构

红宝石、蓝宝石的晶体结构属于特征的六方紧密堆积结构（图 3-1）。

氧离子（O^{2-}）垂直三次轴作六方最紧密堆积，铝离子（Al^{3+}）充填了由 O^{2-} 形成的八面体空隙数的 2/3，[AlO_6] 八面体以棱连接成层，并沿 z 轴方向呈三次螺旋对称。

图 3-1　红宝石、蓝宝石晶体结构示意图

五、晶体形态

红宝石和蓝宝石通常发育成为柱状［图 3-2（a）］、桶状［图 3-2（b）］或板状［图 3-2（c）］。其晶体主要组成单形有六方柱 a $\{11\bar{2}0\}$，六方双锥 n $\{11\bar{2}1\}$、z $\{22\bar{4}3\}$、w $\{14\ 14\ \overline{28}\ 3\}$，菱面体 r $\{10\bar{1}1\}$，平行双面 c $\{0001\}$。具有典型晶体形态的红宝石和蓝宝石晶体如图 3-3～图 3-9 所示。

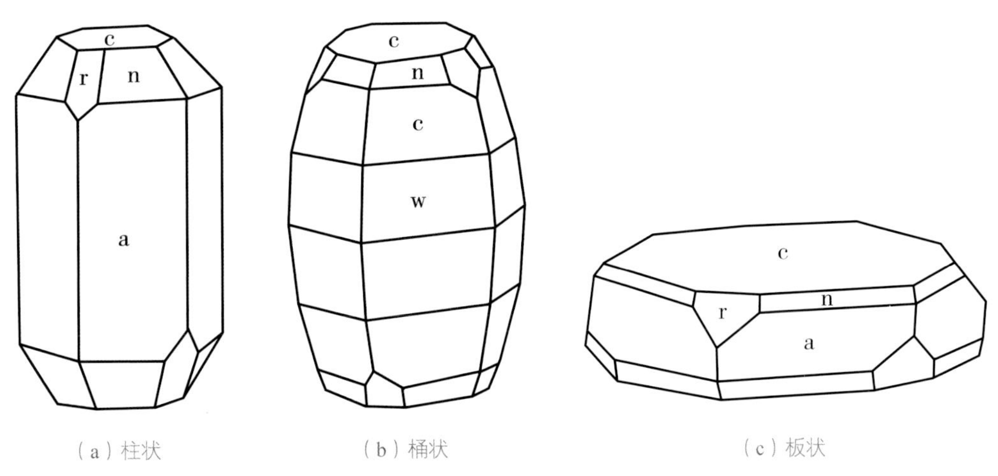

（a）柱状　（b）桶状　（c）板状

图 3-2　红宝石和蓝宝石晶体形态示意图

图 3-3　产自越南的短柱状红宝石晶体
（图片来源：www.irocks.com）

图 3-4　产自印度的桶状红宝石晶体
（图片来源：www.irocks.com）

图 3-5　产自缅甸抹谷的板状红宝石晶体
（图片来源：www.irocks.com）

图 3-6　产自斯里兰卡的锥状蓝宝石晶体
（图片来源：www.irocks.com）

图 3-7　产自斯里兰卡的桶状蓝宝石晶体
（图片来源：www.irocks.com）

图 3-8　产自马达加斯加的短柱状蓝宝石晶体
（图片来源：www.irocks.com）

图 3-9　产自青海省海西蒙古族藏族自治州的短柱状红宝石晶体
（图片来源：国家岩矿化石标本资源共享平台，www.nimrf.net.cn）

六、双晶

根据形成原因可将红宝石和蓝宝石常见的双晶分为两种：一种是在晶体生长过程中形成的生长双晶，另一种是在机械作用下晶格滑移而形成的机械双晶。

红宝石和蓝宝石的双晶通常为依底面｛0001｝（图 3-10）和菱面体 $\{10\bar{1}1\}$（图 3-11）的聚片双晶。

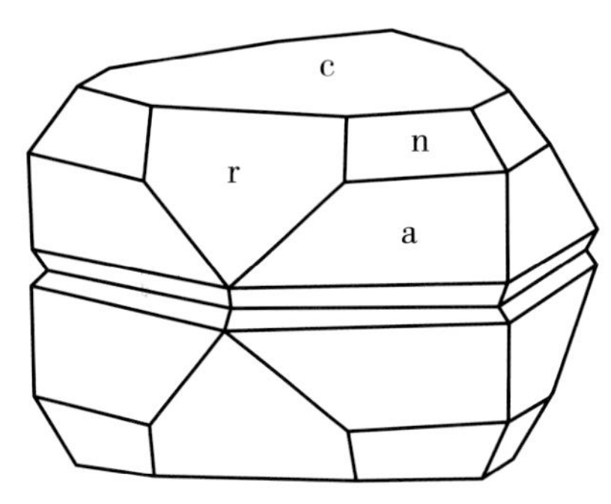

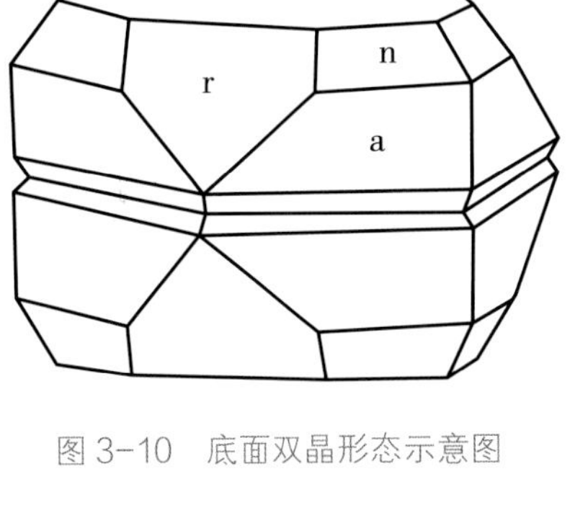

图 3-10　底面双晶形态示意图

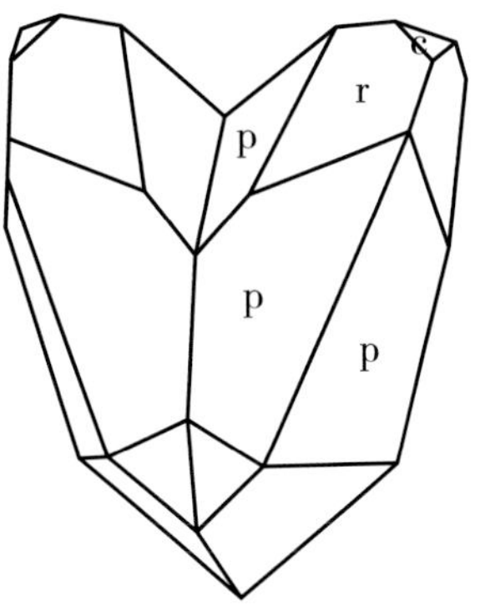

图 3-11　蓝宝石的膝状双晶晶体及形态示意图
（图片来源：www.irocks.com）

七、表面特征

在红宝石和蓝宝石晶体的顶、底晶面上，通常可见三角形的生长纹（图 3-12），在晶体的六方柱或六方双锥的晶面上常可见到因六方柱 $\{11\bar{2}0\}$ 或六方双锥 $\{11\bar{2}1\}$ 交替生长而形成的平行聚形纹。

图 3-12　红宝石晶体表面的三角形生长纹
（图片来源：www.irocks.com）

第二节

红宝石和蓝宝石的物理性质

一、光学性质

（一）红宝石的颜色

红宝石以红色调为主（图 3-13、图 3-14），可呈红色、橙红色、紫红色、褐红色等。颜色饱和度与宝石的 Cr^{3+} 含量成正比，Cr^{3+} 含量越高，红色越鲜艳，过量则呈深红色。杂质元素如 Fe、Ni 等使色调发生变化，Fe、Cr 含量越高则颜色越深，而 Ni 会使颜色偏向橙色调。

图 3-13　红宝石镶钻戒指

图 3-14　产自缅甸的红宝石

［图片来源：国际有色宝石协会（ICA）］

（二）蓝宝石的颜色

蓝宝石，即红宝石以外所有的刚玉种宝石，根据 GB/T 16553-2010《珠宝玉石 鉴定》国家标准，包括蓝色、蓝绿色、绿色、黄色、橙色、粉色、紫色、黑色、灰色、无色等多种颜色。

市场上将蓝色以外的各色蓝宝石称为彩色蓝宝石（Fancy Colored Sapphire），一般以颜色加“蓝宝石”命名，如黄色蓝宝石、粉色蓝宝石等。一些蓝宝石因其颜色特殊而具有特定的商业俗称。例如，“帕德玛”蓝宝石（Padparadscha）是指具有高亮度和低至中饱和度的粉橙色蓝宝石。

1. 蓝色蓝宝石

蓝色蓝宝石（图 3-15）因铁（Fe）、钛（Ti）元素的联合作用致色，可有绿色调或紫色调。

图 3-15 蓝色蓝宝石

图 3-16 粉色蓝宝石
［图片来源：国际有色宝石协会（ICA）］

2. 粉色蓝宝石

粉色蓝宝石（Pink Sapphire）（图 3-16）的致色元素为铬（Cr），产自斯里兰卡、缅甸、马达加斯加等地。近年来，大颗粒的粉色蓝宝石在市场上较受欢迎。

3. 黄色蓝宝石

明亮的黄色蓝宝石（Yellow Sapphire）（图 3-17）也是蓝宝石中受欢迎的品种之一，主要致色元素为铬（Cr）、镍（Ni）。产自斯里兰卡的黄色蓝宝石通常被称为“Pushparaga”，其颜色为带棕色调的金色或蜜黄色。19 世纪前被误称为“Oriental Topaz”（东方托帕）。黄色蓝宝石的主要产地为斯里兰卡，其他产地包括坦桑尼亚、马达加斯加、泰国以及澳大利亚。

图 3-17 黄色蓝宝石

4. 橙色蓝宝石

橙色蓝宝石（Orange Sapphire）（图 3-18）为橙色至橙红色，以不带黑色调为佳。主要致色元素为铬（Cr）和镍（Ni）。产地包括澳大利亚、斯里兰卡、坦桑尼亚、肯尼亚及马达加斯加。

图 3-18 橙色蓝宝石

图 3-19 绿色蓝宝石

5. 绿色蓝宝石

绿色蓝宝石（Green Sapphire）（图 3-19）的主要致色元素为铬（Cr）、钒（V）、镍（Ni），包括绿色、蓝绿色、黄绿色的蓝宝石。通常蓝色调或黄色调明显的绿色蓝宝石价格较低。产地包括斯里兰卡、坦桑尼亚、澳大利亚、马达加斯加及美国蒙大拿州。

6. 紫色蓝宝石

紫色蓝宝石（Purple Sapphire）（图 3-20）的颜色包括深浅不同的蓝紫色、紫色、紫红色和红紫色，主要致色元素为铁（Fe）、钛（Ti）和铬（Cr），曾被误称为"东方紫晶"（Oriental Amethyst）。产地包括斯里兰卡、肯尼亚、坦桑尼亚、马达加斯加和缅甸。

图 3-20 紫色蓝宝石
[图片来源：国际有色宝石协会（ICA）]

7. 无色蓝宝石

无色蓝宝石（White Sapphire）（图 3-21）不含或只含极少量的杂质元素，是十分纯净的蓝宝石。无色蓝宝石可带浅黄色调，以无色且透明度较高者为佳。由于没有颜色，净度对无色蓝宝石至关重要。几乎所有刚玉矿床都可以发现无色蓝宝石，但宝石级的无色蓝宝石却不多见。

图 3-21 无色蓝宝石
[图片来源：国际有色宝石协会（ICA）]

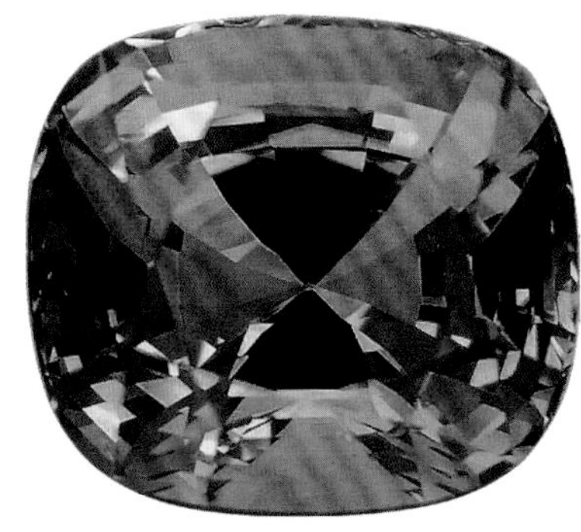
图 3-22 帕德玛蓝宝石
（图片来源：Roland Schluessel，Pillar & Stone International）

8. 帕德玛蓝宝石

帕德玛蓝宝石（Padparadscha）（图 3-22）或译为帕帕拉恰蓝宝石，源于梵文“Padmaraga”，意为莲花的颜色，是指具有高亮度和低至中等饱和度的粉橙色蓝宝石。因最初发现于斯里兰卡而被认为其颜色具有产地指向意义。后期在越南及非洲部分地区也发现了这种颜色的蓝宝石，故现在这一名称已不具备产地指向意义。

在珠宝首饰设计和制作过程中，经常会将多种颜色的蓝宝石组合在一起，如下图项链中镶嵌有蓝色、粉色、黄色、橙色、绿色、紫色等颜色的蓝宝石，并配镶有圆形明亮式切割钻石，为一件珍贵的首饰作品。

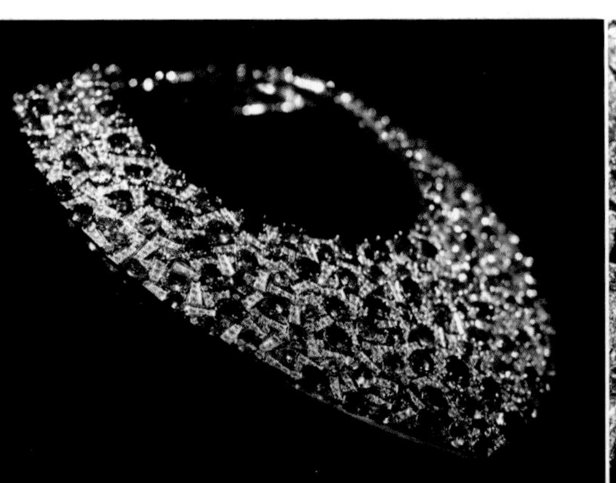

图 3-23 多种颜色蓝宝石组合项链
（图片来源：孟龑提供）

（三）光泽

红宝石和蓝宝石具有玻璃光泽至亚金刚光泽。

（四）透明度

红宝石和蓝宝石为透明至不透明。

（五）光性特征

红宝石和蓝宝石是非均质体，一轴晶，负光性，个别有异常的二轴晶光性。

（六）折射率

红宝石和蓝宝石的折射率为 1.762 ~ 1.770（+0.009，-0.005）。

（七）双折射率

红宝石和蓝宝石的双折射率为 0.008 ~ 0.010。

（八）色散

红宝石和蓝宝石的色散值为 0.018。

（九）多色性

红宝石具有强二色性，常光方向（No）为颜色比较纯正的红色；非常光方向（Ne）为橙红、紫红或粉红色。

除无色蓝宝石外，其他各色蓝宝石均具有二色性，强弱及色彩变化取决于自身颜色及颜色深浅的程度。通常蓝色蓝宝石多色性较强，黄色蓝宝石多色性较弱，颜色浅的蓝宝石多色性不明显。蓝色蓝宝石的二色性（图 3-24），常光方向为深蓝色，非常光方向为蓝绿色。

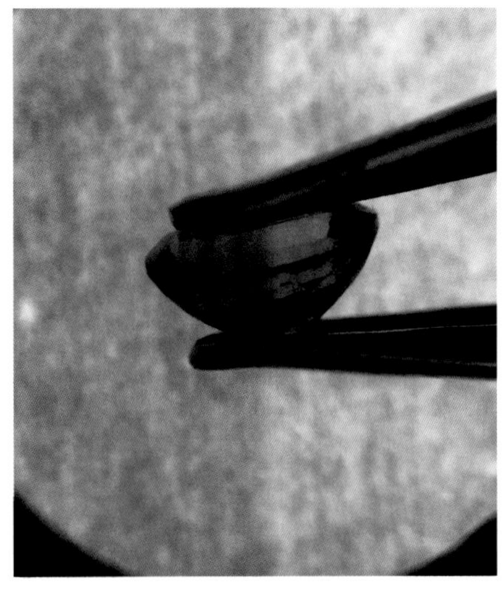

图 3-24　二色镜观察蓝宝石二色性

（十）吸收光谱

红宝石具有特征的 Cr 吸收光谱（图 3-25），可见 694nm、692nm、668nm、659nm 吸收线，620 ~ 540nm 吸收带，476nm、475nm 强吸收线和 468nm 弱吸收线，并且紫光区全吸收。深色红宝石的 620 ~ 540nm 吸收带可表现得很强烈，而浅色红宝石的该吸收带相对较弱或模糊不清。

蓝宝石中的蓝色、绿色品种，可具有 450nm 吸收带或 450nm、460nm、470nm 的吸收线（图 3-26），不同产地或颜色深浅不同其吸收光谱略有差异。

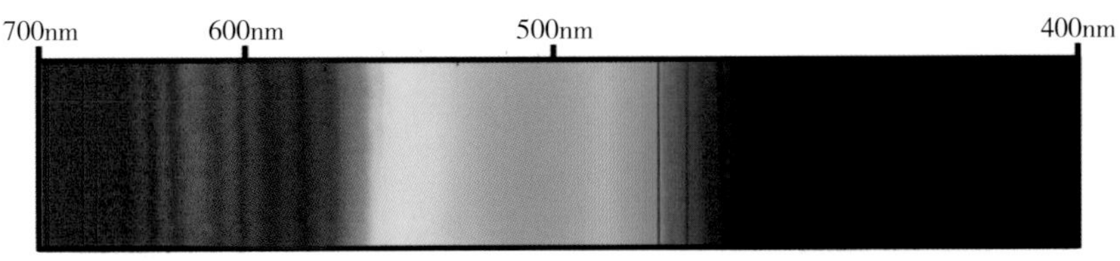

图 3-25　红宝石吸收光谱

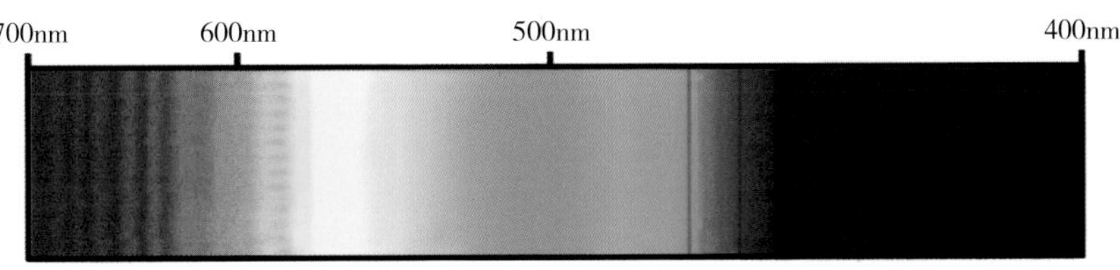

图 3-26　蓝色蓝宝石吸收光谱

（十一）紫外荧光

红宝石的荧光（图 3-27）主要由 Cr 引起。在长波紫外光下，红宝石可呈弱至强的红、橙红色荧光；短波下呈无至中的红、粉红、橙红色荧光，少数呈强红色。缅甸红宝石具有比其他产地的红宝石更强的荧光，使其在自然光条件下，展现出更加绚丽的颜色；泰国红宝石由于 Fe 含量较高，通常无荧光或呈弱荧光。

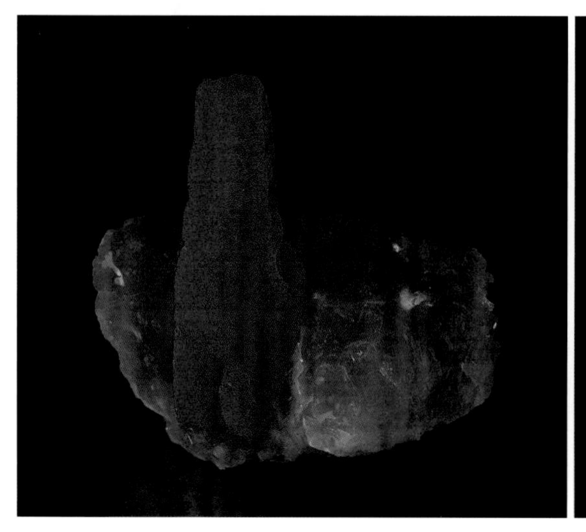

（a）自然光下的表现

（b）紫外荧光下的表现

图 3-27　产自阿富汗的红宝石晶体
（图片来源：www.irocks.com）

蓝色蓝宝石由于含 Fe 较多，在紫外荧光灯下一般无荧光，偶尔可见红色至橙黄色荧光，其他颜色的蓝宝石并无特征荧光。

二、力学性质

（一）硬度

红宝石、蓝宝石的摩氏硬度是 9，是自然界中硬度仅次于钻石的天然宝石。其维氏硬度约为水晶的 2 倍。

（二）相对密度

红宝石和蓝宝石的相对密度为 4.00（+0.10，−0.05）g/cm^3。红宝石含 Cr、Fe 等微量元素较高，则相对密度偏高。

（三）裂理

红宝石和蓝宝石无解理，双晶发育的晶体可显现三组裂理（图 3-28）。其中，菱面体｛$10\bar{1}1$｝裂理［图 3-29（a）］是由水铝矿沿双晶方向大量出溶成层排列，沿层方向结合力减弱而引发的；底面｛0001｝裂理［图 3-29（b）］是由内部大量平行底面的赤铁矿和针铁矿包裹体成层排列所致；柱面｛$11\bar{2}0$｝裂理较为少见。

图 3-28　蓝宝石晶体显示菱面体方向与底面方向裂理
（图片来源：www.irocks.com）

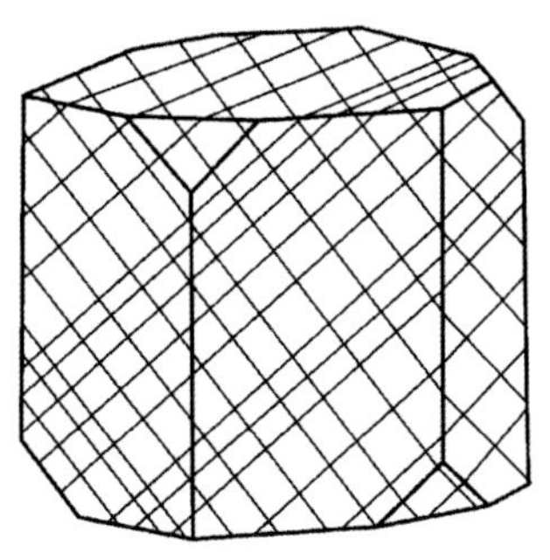

（a）菱面体方向裂理

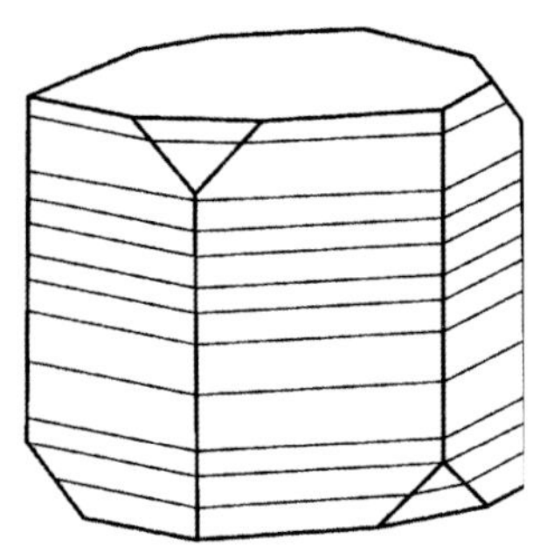

（b）底面方向裂理

图 3-29　红宝石和蓝宝石裂理示意图

三、其他性质

红宝石、蓝宝石熔点高，可达 2000 ~ 2030℃，化学稳定性好，不易被腐蚀。

红宝石、蓝宝石的热导率为 26 ~ 40［W/（m · K）］，相对导热率为 2.96，明显高于其他非金属宝石。

第三节

红宝石和蓝宝石的特殊品种

一、星光红宝石和星光蓝宝石

某些红宝石和蓝宝石中含有丰富的金红石针状包裹体。这些包裹体非常细，三组金红石针在垂直于c轴的平面互呈60° 角排列。若将其切磨成底面平行于金红石针的凸面弧形戒面，射向宝石的光会被金红石针反射聚集，形成与金红石针方向垂直的亮线（图3-30），即六射星光红宝石和蓝宝石（图3-31）。

红宝石和蓝宝石中偶尔也能见到十二射星光效应（图3-32）。它们是由两套（每套为六射星光）针状包裹体引起的，据学者研究报道，一套（三组）包裹体是金红石，另一套（三组）包裹体是赤铁矿。

图3-30　星光红宝石中星线与所含的针状金 红石方向呈垂直关系示意图

图3-31　六射星光红宝石示意图

星光红宝石主要产于缅甸、斯里兰卡、越南等地，而泰国红宝石因为缺失金红石包裹体而几乎没有星光品种。星光蓝宝石在世界各蓝宝石产地均有产出。

第一次世界大战前，一位叫阿尔伯特·拉姆齐

图 3-32　十二射星光黑色蓝宝石
[图片来源：国际有色宝石协会（ICA）]

图 3-33　午夜之星

（Albert Ramsay）的英国人以宝石工匠的身份定居缅甸抹谷，首次尝试对半透明的红宝石进行加工并发现了星光的秘密。他将这些特殊的红宝石带回欧洲，在不长的时间里便成功地使得星光红宝石风靡全球。

著名的午夜之星（the Midnight Star）是一颗星光红宝石（图 3-33），重达 116.75 克拉，为深紫红色，与印度之星一起在 1964 年 10 月 29 日纽约珠宝大劫案中被盗，后失而复得，现收藏在纽约的美国国家自然历史博物馆。

星光蓝宝石（图 3-34）也被称为“命运之石”，3 束光带分别象征忠诚、希望与博爱。

图 3-34　星光蓝宝石镶钻戒指

二、变色蓝宝石

在不同的光照条件下，变色蓝宝石（Color-change Sapphire）可以显示出不同颜色的变化，这是由蓝宝石中含有适当比例的 Cr^{3+} 和 V^{3+} 造成的。天然变色蓝宝石一般在日光下呈蓝色、灰蓝色［图 3-35（a）］，在白炽灯下呈暗红色、褐红色、蓝紫色［图 3-35（b）］。自然界出产的天然变色蓝宝石非常稀少，坦桑尼亚是变色蓝宝石的主要产地。

（a）在日光灯下显示蓝色

（b）在白炽灯下显示紫红色

图 3-35　变色蓝宝石
[图片来源：国际有色宝石协会（ICA）]

三、达碧兹红宝石和达碧兹蓝宝石

达碧兹（Trapiche）本来是指一种用来加工甘蔗的砂轮，由于某种特殊的祖母绿具有类似的结构，故借用了这个名词代指。在宝石学中，达碧兹最初专指一类特殊的祖母绿。后来发现，很多其他矿物也具有类似的特殊结构。红宝石、蓝宝石中也偶见达碧兹品种（图 3-36）。

达碧兹红宝石原石多呈腰鼓状，在垂直 c 轴的平面内，可见 6 条黄色、白色或黑色的“臂”。“臂”主要由红宝石的母岩组成，可汇聚于一点，也可在中心形成六边形的核。目前，此类红宝石主要产于缅甸孟速矿区，越南和泰国也有发现。

达碧兹蓝宝石也具有相似的 6 条“臂”，但很少有“核”。与达碧兹祖母绿和达碧兹红宝石不同的是，达碧兹蓝宝石的“臂”仍然是蓝宝石，只是颜色和主体不同，而不是外部混入的矿物。

图 3-36　达碧兹红宝石（上排）与达碧兹蓝宝石（下排）

第四章

Chapter 4

红宝石的主要产地及特征

目前，世界上有十几个国家发现了红宝石矿床和矿点，主要有缅甸、泰国、斯里兰卡、越南、坦桑尼亚、马达加斯加、肯尼亚、阿富汗、印度、柬埔寨、莫桑比克、巴基斯坦、塔吉克斯坦、澳大利亚等（图 4-1）。与钻石不同的是，红宝石的开采、加工、销售并没有一个世界性的组织来统一管理，各个国家和地区的红宝石产业发展也极不均衡，产量的统计数据尚难精准。据美国地勘局统计，2005 年，肯尼亚红宝石产量约占全球的 50%，坦桑尼亚约占 30%，马达加斯加占 7%～8%，而传统的东南亚产出国除缅甸外，产量都不大。

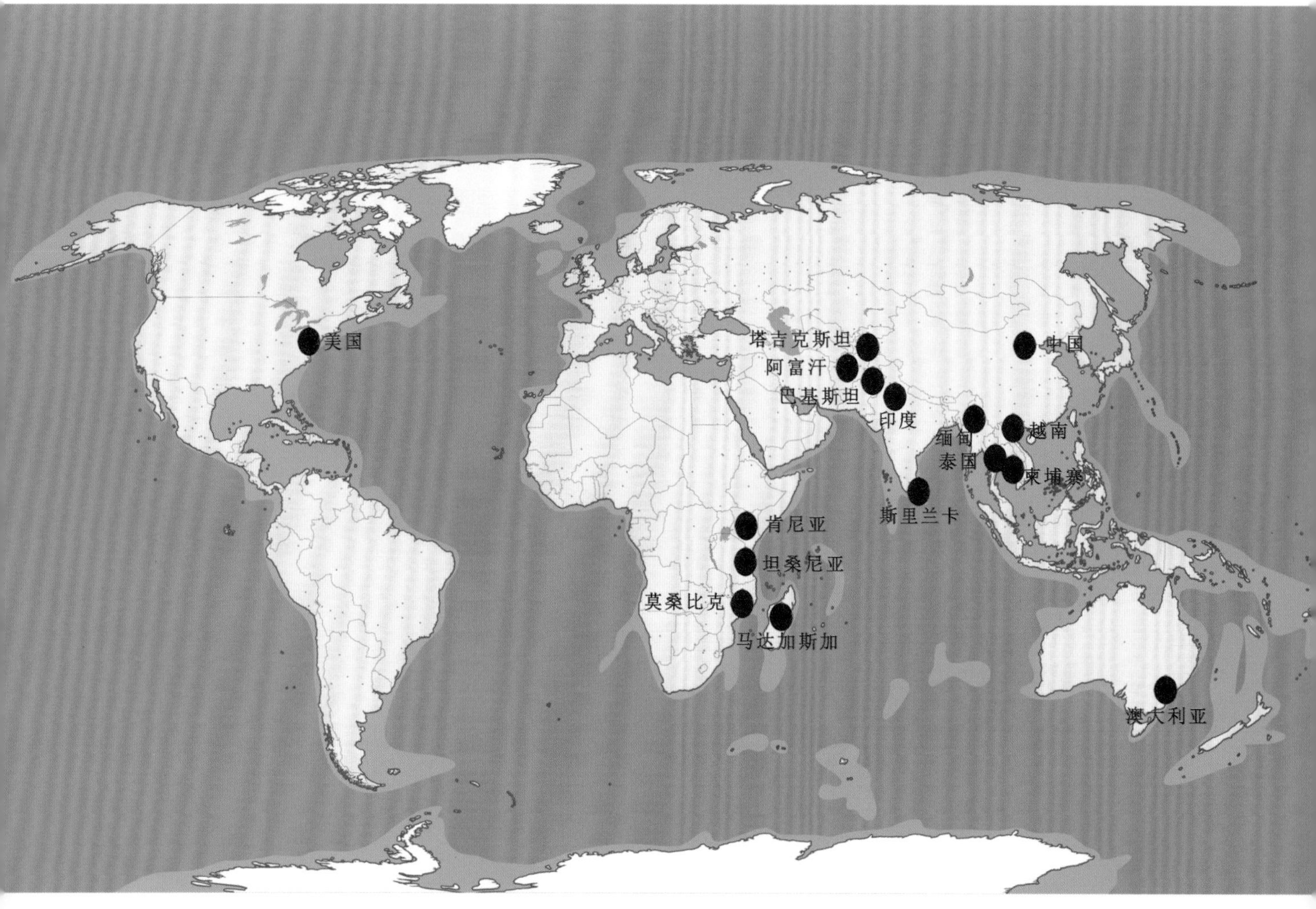

图 4-1　世界主要红宝石产出国分布图
（图片来源：www.gettyimages.cn，Digital Vision Vectois）

第一节

缅甸的主要红宝石矿

缅甸是历史上最著名的红宝石产出国，目前主要矿区有抹谷（Mogok）和孟速（Mong Hsu），其他矿区还有萨金（Sagyin）和纳尼亚泽克（Naniazeik）等。

图 4-2　产自缅甸的红宝石
［图片来源：国际有色宝石协会（ICA）］

产自缅甸的红宝石（图 4-2）制成的首饰，更受人们喜爱。如卡地亚红宝石镶钻胸针（图 4-3），1957 年创作于巴黎，材质为铂金，配镶有明亮式和长阶梯形切割钻石，主石为 7 颗垫形缅甸红宝石（总重 23.10 克拉）。

图 4-3　卡地亚红宝石镶钻胸针

一、抹谷矿区

抹谷矿区位于曼德勒北偏东约 150km，矿化面积约 1040km^2，包括泰北克印（Thabeikkyin）和抹谷小镇。最早关于抹谷产出红宝石的文字记载出现在 1597 年。当时，缅甸国王为了开采红宝石，用一个称为 Mong Mit 的城市从中原统治者手中交换回抹谷。至今，抹谷红宝石开采历史已经超过了 800 年，有 1200 多个开采点，多为私人拥有。

在抹谷，有的矿床可能只有两三个人开采，有的矿床有几十个人开采。开采方式较为传统和原始，根据季节变化稍有不同，主要有以下 3 种：①在地表打洞，工人由滑轮类工具下井作业；②挖掘水平坑道；③露天开采，采用冲洗工具将砾石分离筛选。开采出矿石后，大多采用手工从中挑选出红宝石原石。

抹谷是当今世界上最著名的红宝石矿区，出产过许多颜色好、品质优的红宝石（图 4-4、图 4-5），历史上很多著名的红宝石都出产于此。然而，经过几百年的开采，抹谷的红宝石资源已经接近枯竭，现在已经不是主要的矿区，每年只有少量红宝石产出，但它的传奇依然使无数宝石收藏者为之疯狂。

图 4-4　产自缅甸抹谷的红宝石板状晶体

图 4-5　产自缅甸抹谷的红宝石柱状晶体

（图片来源：www.irocks.com）

抹谷红宝石含有非常丰富的固态包裹体，常见的有金红石［图 4-6（a）］、方解石［图 4-6（b）、图 4-6（c）］、白云石、尖晶石、榍石、磁铁矿、橄榄石、磷灰石［图 4-6（d）］、金云母等矿物。

缅甸抹谷红宝石中的针状金红石包裹体，以 60° 夹角定向排列，分布不均匀，多呈团块状聚集，形似“补丁”。由于金红石的存在，在光的干涉作用下，红宝石表面呈现五颜六色的丝状光彩。

抹谷红宝石中很少见流体包裹体，但由于颜色分布不均匀，可出现流纹状、团块状的色斑，被形象地称为糖浆状色带［图 4-6（e）］。这一特征可以作为抹谷红宝石的产地鉴别特征。

在抹谷红宝石中常见百叶窗式的聚片双晶。负晶也发育得比较好，个体粗大的负晶分散或成串出现，常被液体或气液二相包裹体［图 4-6（f）］充填。一些中低档的抹谷红宝石中还常见次生开放裂隙。

（a）针状金红石包裹体

（b）扭曲状方解石晶质包裹体

（c）方解石晶质包裹体

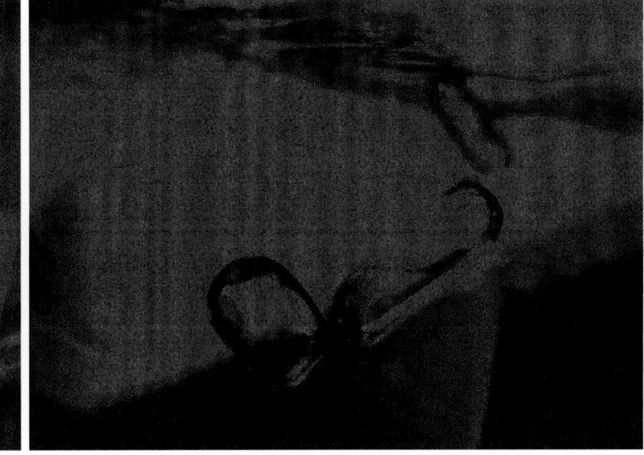

（d）磷灰石矿物包裹体

（e）糖浆状结构

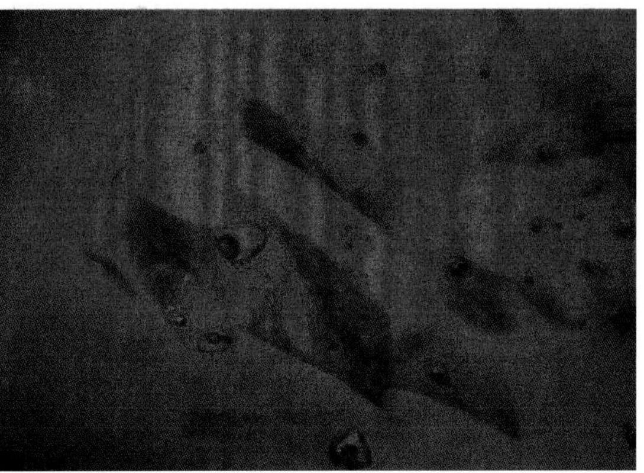

（f）两相包裹体

图 4-6　缅甸抹谷红宝石中的包裹体

（图片来源：Roland Schluessel，Pillar & Stone International）

二、孟速矿区

孟速红宝石矿区位于抹谷东南方约250km，被发现于1991年，面积超过100km²，所发现的红宝石矿床均为次生矿床，现已成为缅甸最主要的红宝石产地。

孟速红宝石以其颜色鲜艳著称，晶形通常较好。孟速红宝石中常见呈浑圆粒状的萤石、尖晶石、磷灰石、白云石，针状金红石［图4-7（a）］以及白色镁绿泥石等固态包裹体。典型的特征是可见白色的未知微粒，在光纤灯下非常清晰，通常垂直于生长层方向呈飘带状或是粉尘状，可以作为孟速红宝石的鉴别依据之一。

孟速出产的许多红宝石晶体中心都有黄色、蓝色或黑色的核（图4-7）。另外，孟速目前是达碧兹红宝石的主要产地。

相对于固体包裹体，孟速红宝石中的流体包裹体更为常见，且在核部和边缘部位均可见到，大多呈假次生羽状或指纹状。

孟速红宝石中常见三组聚片双晶，双晶面的边界处常伴有细针状水铝矿，也可见到大量的管状包裹体，管内被气液两相或固态包裹体充填。

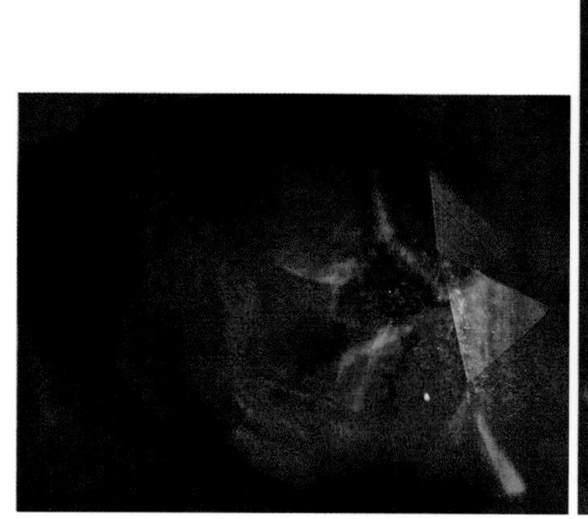

（a）蓝色的核以及金红石针状包裹体

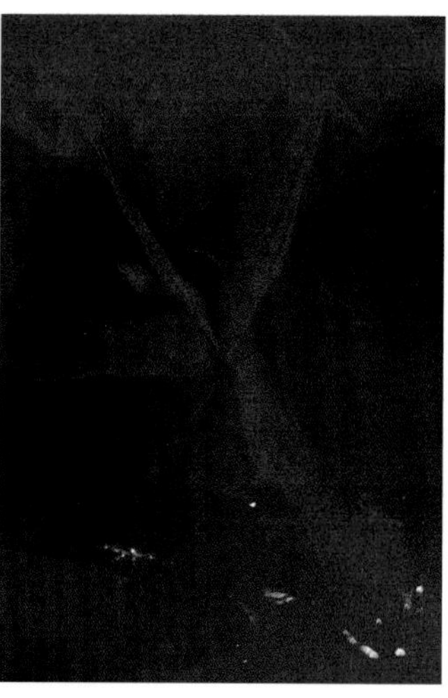

（b）六边形生长结构、蓝色的核及色带

图4-7　缅甸孟速红宝石中的包裹体
（图片来源：Roland Schluessel，Pillar & Stone International）

三、纳尼亚泽克矿区

纳尼亚泽克（Naniazeik）矿区发现于1999年，位于克钦邦密支那以西80km，距勐拱镇西北50km。

该矿区开采的红宝石晶体通常呈磨圆状，一般带有明显的晶面条纹和菱面体晶形，内部通常可见明显的晶体包裹体和定向排列的金红石针（图4-8）。偶有达碧兹品种。

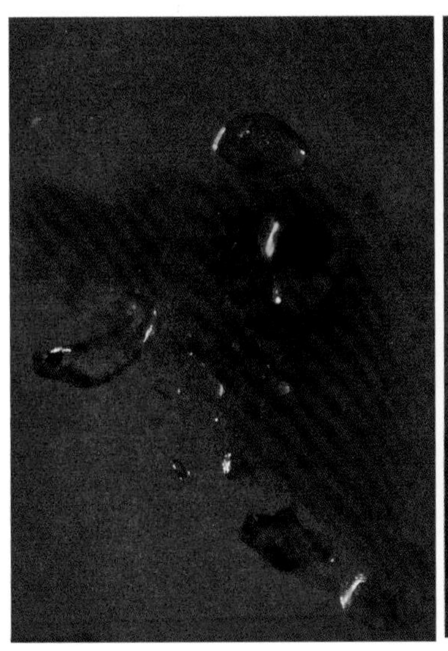

（a）方解石、针状金红石和其他矿物包裹体

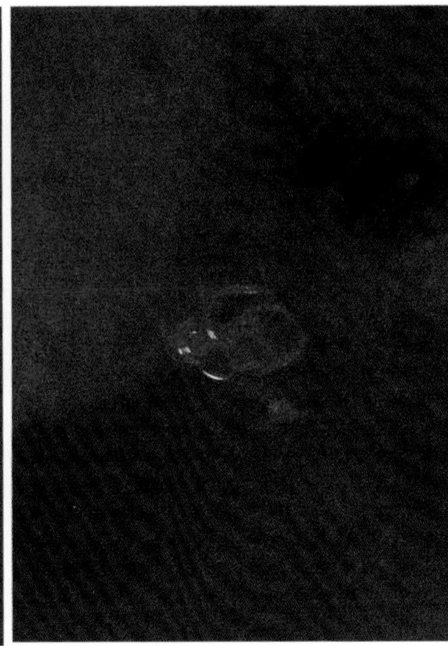

（b）方解石及针状金红石包裹体

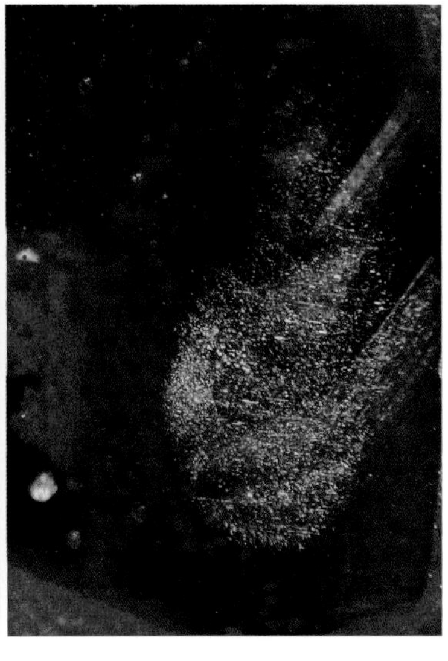

（c）生长环带、针状金红石及其他矿物包裹体

图4-8　缅甸纳尼亚泽克红宝石中的包裹体

（图片来源：Roland Schluessel，Pillar & Stone International）

第二节

泰国的主要红宝石矿

泰国的红宝石矿区主要位于庄他武里（原名尖竹汶，Chanthaburi）、达叻（Trat）和北碧（Kanchanaburi）。据记载，1980 年尖竹汶——达叻地区约有 2 万名矿工从事刚玉类宝石开采，产量达 3940 万克拉。开采方式与缅甸类似，主要采用原始工具，露天挖掘、清洗和分选。

泰国红宝石（图 4-9）铁含量较高，颜色较深，几乎不含金红石包裹体，因此没有星光红宝石品种。泰国红宝石的特征包裹体为一水软铝石（图 4-10），其他固态包裹体多为浑圆状的晶体，含有镁铝榴石、铁铝榴石、磷灰石、磁黄铁矿、斜长石、橄榄石和透辉石等矿物包裹体，沿菱面体或底面方向分布。

图 4-9　产自泰国的红宝石
［图片来源：国际有色宝石协会（ICA）］

图 4-10　泰国红宝石中沿平行于菱面体 3 个方向排列的一水软铝石包裹体
（图片来源：Richard W. Hughes/www.ruby-sapphire.com）

泰国红宝石内部常有大量流体包裹体，通常围绕在细小负晶的两相包裹体周围，呈三角形或六边形薄膜状，并与晶体底面平行。气液包裹体（图 4-11）常聚集成指纹状、羽状或圆盘状，在圆盘状包裹体中央常含有溶蚀的磷灰石、石榴石和磁黄铁矿晶体，形成一种类似煎蛋的图案。在光照下，红宝石内部的愈合裂隙呈现出美丽的彩虹干涉色（图 4-12）。

泰国红宝石常见两组以上的聚片双晶，有裂隙发育，且常被黄褐色物质浸染。生长带和色带并不常见，少数宝石颜色不均匀，表现为颜色深浅变化和边界模糊。

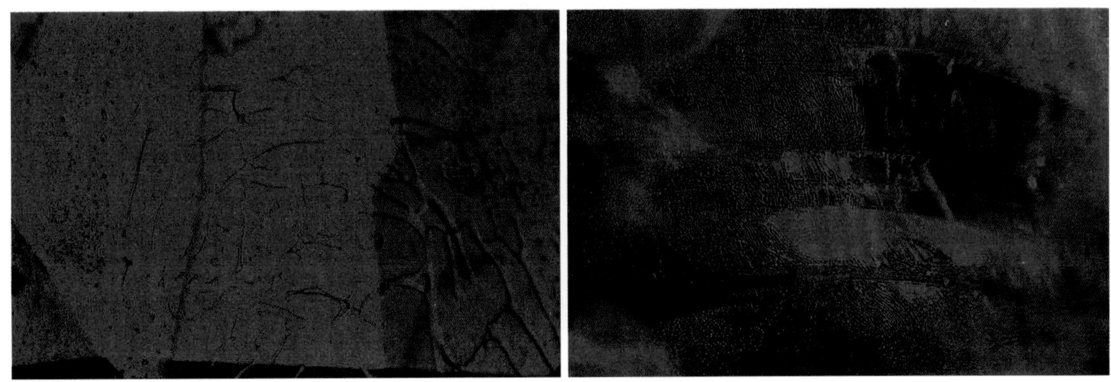

（a）指纹状流体包裹体　　（b）次生流体包裹体显示出双晶层界限

图 4-11　泰国红宝石中的包裹体

（图片来源：Roland Schluessel，Pillar & Stone International）

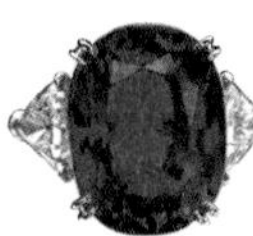

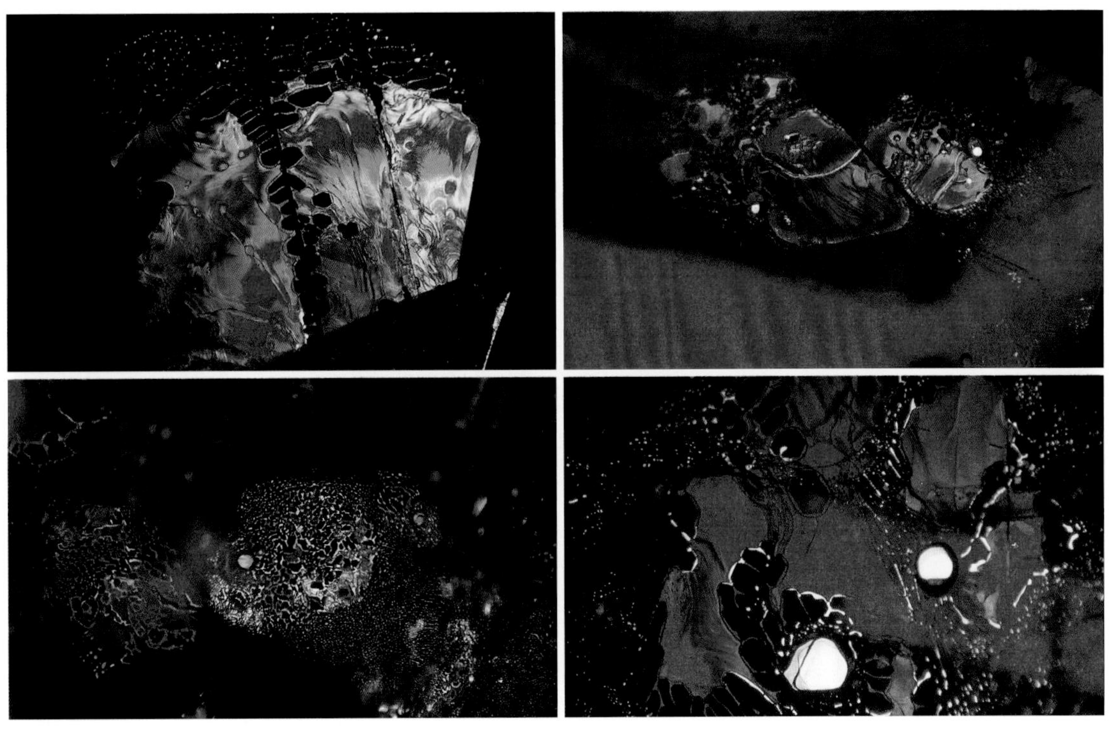

图 4-12　泰国红宝石中的愈合裂隙呈彩虹干涉色

（图片来源：Roland Schluessel，Pillar & Stone International）

第三节

斯里兰卡的主要红宝石矿

在斯里兰卡 65600km^2 国土面积中，约有 20000km^2 为宝石矿床，可谓名副其实的“宝石之国”。红宝石的主要矿区位于拉河那（Elahera）、拉特纳普勒（Ratnapura）、拉克

图 4-13　斯里兰卡中部省 Bogawantalawa 矿矿山开采
（图片来源：Dietmar Schwarz）

沃纳（Rakwana）、卡达拉加玛（Kataragama）和欧卡米皮提亚（Okkampitiya）等地。开采方式多为露天挖掘（图 4-13），然后冲洗分选，开采技术较为传统，消耗大量劳动力。

斯里兰卡红宝石透明度高，颜色柔和，多为粉红色、浅棕红色，高品质者呈类似樱桃的红色。内部含有的金红石和锆石包裹体具有产地鉴别意义，还可含有石榴石、橄榄石、电气石、方解石、黑云母、尖晶石、磷灰石等固态包裹体。

斯里兰卡红宝石中的流体包裹体（图 4-14、图 4-15）以“含量丰富、图案精美”构成产地特征，表现出大致相同的定向性，呈指纹状、梳状、网状等，常见细长的纤维状金红石与管状流体包裹体相伴而生。

斯里兰卡红宝石中也常见完整的负晶，呈六方双锥状或扁平六方柱状，通常被气液包裹体充填。

斯里兰卡红宝石的双晶通常为聚片双晶。

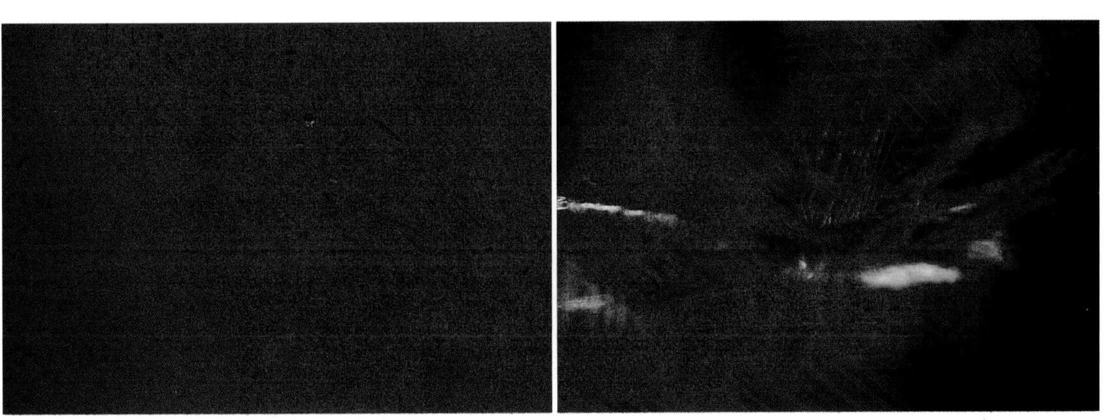

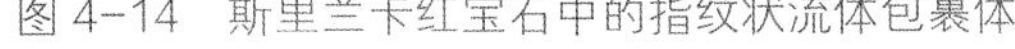

图 4-14　斯里兰卡红宝石中的指纹状流体包裹体

图 4-15　斯里兰卡红宝石中的长针状金红石和流体包裹体

（图片来源：Roland Schluessel，Pillar & Stone International）

第四节

坦桑尼亚的主要红宝石矿

坦桑尼亚是近现代最主要的红宝石产出国之一，拥有大量的红宝石矿区，包括 20 世纪早期发现的朗基多（Longido）矿区、1960 年发现的翁巴（Umba）河谷矿区、70 年代发现的莫罗戈罗（Morogoro）矿区及其西南 240km 的马亨盖（Mahenge）矿区、2008 年发现的目前最主要的温扎（Winza）矿区以及松盖阿（Songea）矿区和坦达鲁（Tunduru）矿区。

坦桑尼亚红宝石（图 4-16、图 4-17）的开采作业与季节有关，只有河床干涸的季节才能开采。次生矿开采主要使用原始的锄头和铲子，然后用手推车或小卡车运输，没有流程式的机械化开采；原生矿开采则采用打隧道的方式，矿工们用绞盘或简单的拉绳将装满矿石的水桶提升到地面，然后进行分选。

图 4-16　产自坦桑尼亚的红宝石柱状晶体

图 4-17　产自坦桑尼亚的红宝石板状晶体

（图片来源：http://www.irocks.com）

第五节

世界其他主要红宝石产地

一、肯尼亚的红宝石矿

肯尼亚（Kenya）的宝石矿产资源主要分布在该国中部及南部，矿点的分布范围近 10 万 km^2。其红宝石矿区主要分布在南部的曼加里沼泽（Mangari Swamp），位于西察沃国家公园内，主要包括西侧的约翰萨乌尔（John Saul ruby）矿区和东侧的彭妮巷（Penny Lane）矿区，另外还有西部中心的巴林戈（Baringo）矿区等。

曼加里红宝石中的矿物包裹体主要有丝状金红石、白色针状水铝矿、白云母、含铬元素的绿色矿物、金云母、金红石、水铝矿和黄铁矿等。丝状金红石定向排列，常呈 60° 或 90° 交角。白色针状水铝矿呈三向排列，其中两组位于同一平面。裂隙发育得较好，常被外来矿物质充填而呈轻微霜状外观。可见负晶、生长条带等结构特征（图 4-18）。

（a）一水软铝矿、双晶、色带和两相包裹体

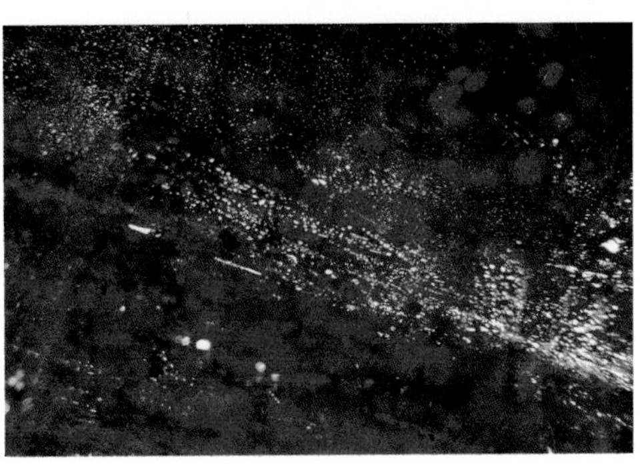

（b）羽状流体包裹体

图 4-18　肯尼亚红宝石中的包裹体

（图片来源：Roland Schluessel，Pillar & Stone International）

二、马达加斯加的红宝石矿

马达加斯加（Madagascar）是世界第四大岛国，位于非洲板块与印度洋板块的结合部。2000 年，在瓦图曼德里（Vatomandry）和安迪拉梅纳（Andilamena）发现新的红宝石矿床，随即进入集中开采。据记载，2002 年马达加斯加红宝石出口量达 889kg，2004 年为 741kg，2005 年估计为 920kg。然而，2010 年以后这两个矿区基本被遗弃。2012 年，传出在安巴通德拉扎卡（Ambatondrazaka）市附近发现新的红宝石矿床，吸引了大批采矿者前往开采。开采方式主要以露天开采为主，采用挖掘机和输送带等现代工具，效率较高。

（一）瓦图曼德里矿区

瓦图曼德里红宝石颜色为紫红色至纯正的红色，上等品种可与缅甸红宝石媲美。

瓦图曼德里红宝石中的固体包裹体常见短针状或浑圆拉长状金红石（图 4-19），无数细小的锆石、磷灰石或磷钇矿组成的棱柱状、拉长状串珠是瓦图曼德里红宝石的产地鉴定特征。另外还含有滑石、金云母、镍铁矿、矽线石、磷灰石等其他矿物包裹体。

瓦图曼德里红宝石晶体表面几乎没有生长条带，在偏光镜下常见两组方向相交近 90°，呈棋盘格状图案的双晶，极罕见三组方向的聚片双晶。

（a）愈合裂隙和短针状金红石

（b）聚片双晶和双晶之间的羽状愈合裂隙，并含有一水软铝矿和针状金红石包裹体

图 4-19　马达加斯加红宝石中的包裹体

（图片来源：Roland Schluessel，Pillar & Stone International）

（二）安迪拉梅纳矿区

安迪拉梅纳红宝石缺乏金红石包裹体，常见包裹体包括：伴有锆石晕的粒状锆石（其周围可伴有锆石晕）、明显的愈合裂隙、狭窄的平直或角状生长线和生长带，并伴

有漩涡状或 Z 字形生长结构。其中，Z 字形生长结构为安迪拉梅纳红宝石的产地鉴定特征。

三、越南的红宝石矿

1986 年，越南（Vietnam）北部安沛省（Yen Bai）陆安县（Luc Yen）发现高质量红宝石矿床，面积约 390km^2。1990 年又在中北部乂安省（Nghe An）基巧（Quy Chau）发现一处红宝石矿床。

图 4-20 越南陆安县红宝石砂矿采用机械化开采
（图片来源：Dietmar Schwarz）

陆安红宝石矿区（图 4-20）的开采方式主要为露天开采，工业化水平较高。其主要开采过程为：先用水枪将干燥的矿坑喷湿，然后将泥土吸进分选机，在振荡和重力的作用下，红宝石在分选机中从砾石中分离出来，最后再用手工挑选红宝石原石。据统计，该矿区出产刚玉的概率很高，可达平均每立方米 19.6g。

越南红宝石（图 4-21 ~图 4-23）双晶沿菱面体 r｛$10\bar{1}1$｝方向发育，可见聚片双晶穿越整颗宝石。从某些特定的角度可观察到双晶面上的多色性。

越南红宝石的颜色介于缅甸和泰国红宝石之间，主要为紫红色和浅紫红色。颜色同样表现出一种流动的漩涡状构造，但与流动构造相伴的是粉红色、橘红色，甚至为无色、蓝色的色带。色带可呈线状或团块状，并与指纹状流体包裹体相伴，通常称为蜜糖状或搅拌状结构。

图 4-21 产自越南的红宝石

图 4-22 产自越南的红宝石晶体和戒面

［图片来源：国际有色宝石协会（ICA）］

（a）短柱状红宝石聚晶

（b）短柱状红宝石晶体

（c）桶状红宝石晶体

图 4-23　产自越南陆安县的红宝石

（图片来源：www.irocks.com）

固态包裹体三水铝石可作为越南红宝石的产地鉴定特征。越南红宝石缺失楔形金红石针状包裹体，而常见亮橙色柱状金红石、半透明褐橙色金云母等固态包裹体（图 4-24）。

（a）磷灰石晶质包裹体和愈合裂隙

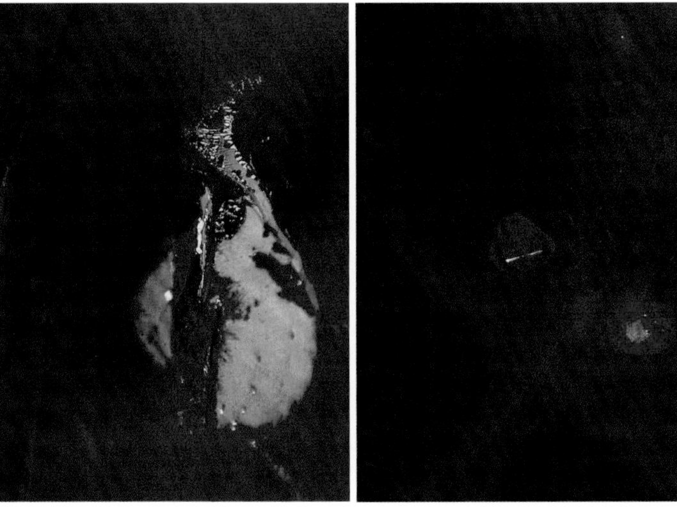

（b）矿物包裹体和羽状愈合裂隙中的流体包裹体

（c）闪锌矿矿物包裹体

图 4-24　越南红宝石中的包裹体

（图片来源：Roland Schluessel，Pillar & Stone International）

越南红宝石中最常见的有两类云状物包裹体：一类呈不规则角状外观，常与不规则漩涡状生长区域相伴而生，主要由一些微小的白色矿物颗粒均匀分布组成，这种云状物通常带有某种程度的蓝色调，可能是因光的散射引起，在蓝色调的光纤灯下非常明显；另一类云状物由较大的白色矿物颗粒组成，其边缘界限不明显，且轮廓不太清晰，外观整体呈缥缈状。

四、莫桑比克的红宝石矿

自 2008 年起，珠宝市场上出现了产于莫桑比克（Mozambique）的红宝石，其主要矿区位于莫桑比克北部的利辛加（Lichinga）和蒙特普埃兹（Montepuez），产状特征与坦桑尼亚的温扎（Winza）相似，原生矿晶体可达 40g。莫桑比克红宝石尚未大规模开采，主要开采方式仍以传统方式为主。

莫桑比克红宝石颜色多为粉红色至深红色，内部常见金红石包裹体［图 4-25（a）］，且大多以粒状、针状、片状等形态出现，并可见磷灰石［图 4-25（b）］和角闪石等，部分矿物包裹体的晶形发育良好。可见裂隙和愈合裂隙发育，常见两组或三组聚片双晶，有时可见负晶［图 4-25（a）］。

（a）负晶和金红石包裹体

（b）磷灰石包裹体

图 4-25　莫桑比克红宝石中的包裹体

（图片来源：Roland Schluessel，Pillar & Stone International）

夜空蓝

蓝宝石镶钻项链

蓝宝石用它那天赐的瑰丽色彩，
带领人们进入梦幻的广阔夜空。
澄澈纯净的蓝色光芒充满魔力，
转瞬间来到了宁静的心之港湾。

第五章

Chapter 5

蓝宝石的主要产地及特征

蓝宝石主要产自缅甸、斯里兰卡、克什米尔地区、澳大利亚、马达加斯加、美国蒙大拿州、泰国、坦桑尼亚以及中国。此外，尼日利亚、越南、老挝、阿富汗、巴基斯坦、巴西、哥伦比亚、柬埔寨等地也有蓝宝石产出（图 5-1）。

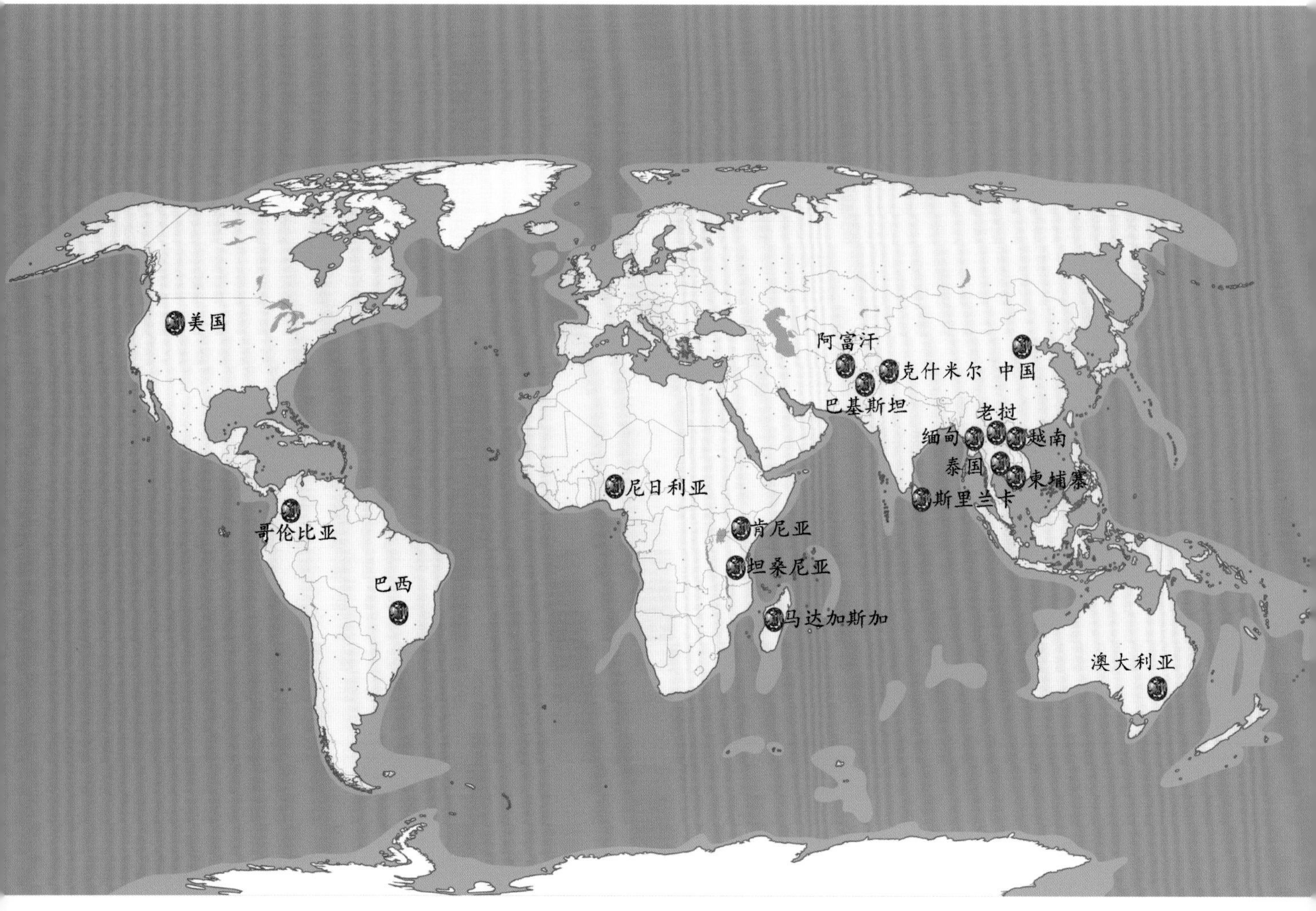

图 5-1　世界主要蓝宝石产出国分布图
（图片来源：www.gettyimages.cn，Digital Vision Vectois）

第一节

克什米尔地区的蓝宝石矿

1881 年，在克什米尔（Kashmir）的帕达尔（Padar）地区首次发现蓝宝石，矿区（图 5-2）位于喜马拉雅山脉西北端，海拔约 4500m，据说是一次雪崩使得这些蓝宝石得以发现。1882—1887 年是克什米尔蓝宝石开采的辉煌时期，据记载，当时发现了一块长 12.7cm，宽 7.62cm 的晶体。但是，恶劣的自然环境及愈演愈烈的领土争端，使克什米尔蓝宝石的开采遭遇很大困难。1927 年以来，克什米尔蓝宝石矿区逐渐进入间歇性开采期。

图 5-2　克什米尔蓝宝石矿区
［图片来源：国际有色宝石协会（ICA）］

克什米尔地区的矢车菊蓝蓝宝石（图 5-3），一直被誉为蓝宝石中的极品。这类蓝宝石呈朦胧的、略带紫色调的蓝色，具有天鹅绒般的外观。这种独特的天鹅绒外观的成因尚无定论，可能是因金红石等细小颗粒的渲染所致，也可能由一些极细小的裂隙及相伴的出溶物对光的散射引起。

克什米尔地区蓝宝石颜色不均匀，色带边界清晰，常可见蓝色及接近白色或乳白色的条带交替出现（图 5-4、图 5-5）。

克什米尔蓝宝石中较具产地特征的包裹体（图 5-6 ~图 5-8）是电气石、韭闪石、锆石和一种微粒状包裹体。微粒包裹体成分不明，可呈丝状、雪花状、云雾状聚集片。

图 5-3　产自克什米尔的矢车菊蓝蓝宝石（图片来源：Roland Schluessel，Pillar & Stone International）

图 5-4　克什米尔地区所产矢车菊蓝蓝宝石中的平直色带

图 5-5　克什米尔地区所产矢车菊蓝蓝宝石中的平直色带，放大观察可见由微小粒子组成

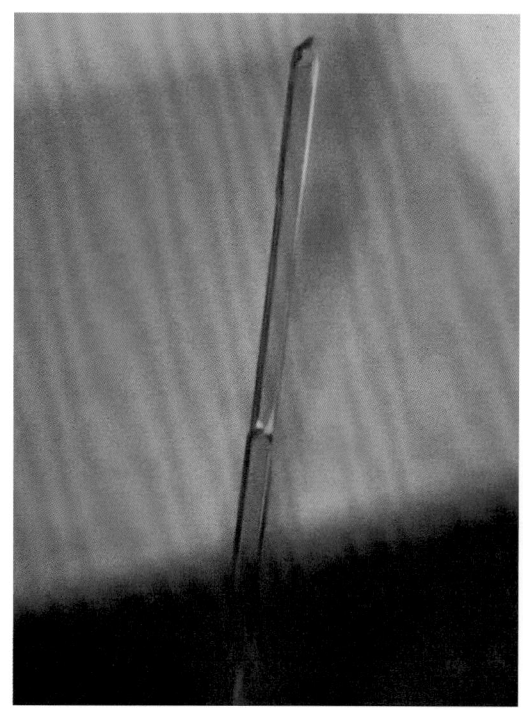

图 5-6　克什米尔地区蓝宝石中的针状韭闪石包裹体

图 5-7　克什米尔地区蓝宝石中的铌铁矿晶体包裹体

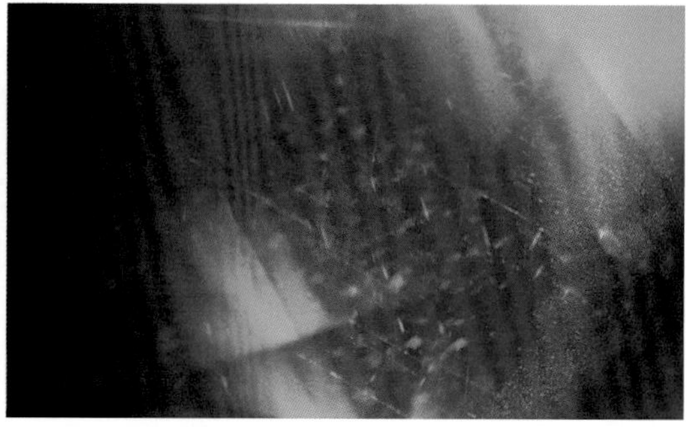

图 5-8　克什米尔地区蓝宝石中的呈丝状、雪花状微粒包裹体

（图片来源：Roland Schluessel，Pillar & Stone International）

第二节

缅甸的主要蓝宝石矿

缅甸（Burma）蓝宝石（图 5-9、图 5-10）的品质仅次于克什米尔蓝宝石。一些高质量的蓝宝石正是产自位于高海拔的缅甸抹谷矿区。抹谷周边 4800km^2 内，有超过 1000 个的红宝石和蓝宝石开采点。世界上许多著名的蓝宝石产自缅甸，其中包括重达 329.7 克拉的亚洲之星。

高质量的缅甸蓝宝石（图 5-11）以其纯正的蓝色为特征，可有浅蓝至深蓝色。浅色的蓝宝石与斯里兰卡蓝宝石十分相似，但缅甸蓝宝石的颜色饱和度更高。除蓝色蓝宝石外，

图 5-11　产自缅甸的蓝宝石晶体
（图片来源：www.irocks.com）

图 5-9　缅甸蓝宝石的开采

图 5-10　缅甸抹谷的冲积型蓝宝石矿床的开采
（图片来源：Dietmar Schwarz）

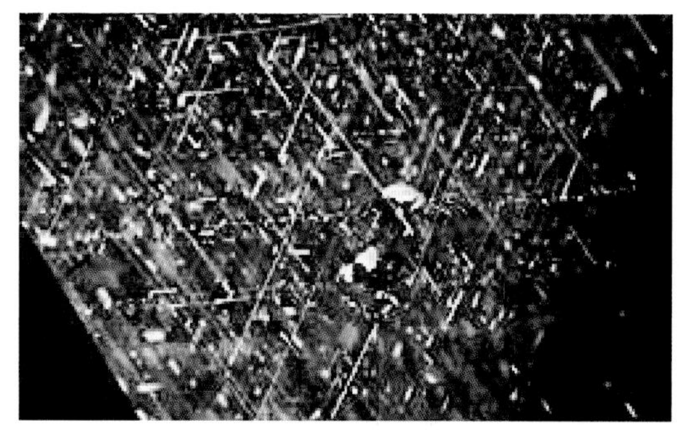

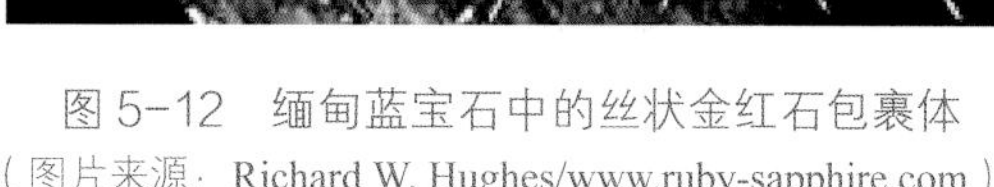
图 5-12　缅甸蓝宝石中的丝状金红石包裹体
（图片来源：Richard W. Hughes/www.ruby-sapphire.com）

图 5-13　缅甸蓝宝石中的板状金红石包裹体
（图片来源：Roland Schluessel，Pillar & Stone International）

缅甸还产出金黄色、绿色、紫色和几近无色的蓝宝石，并常见有各种颜色的星光蓝宝石。

缅甸蓝宝石中常见金红石包裹体（图 5-12、图 5-13），多呈短针状定向分布。其他常见矿物包裹体有石墨、磷灰石（图 5-14）、锆石、磁铁矿等。

缅甸蓝宝石中可有较丰富的流体包裹体（图 5-15、图 5-16），流体包裹体有明显的受力痕迹，表现为一种褶曲状或撕裂状。这是缅甸蓝宝石的鉴定特征。

缅甸蓝宝石内还常见聚片双晶（图 5-17），双晶面平行于菱面体方向。

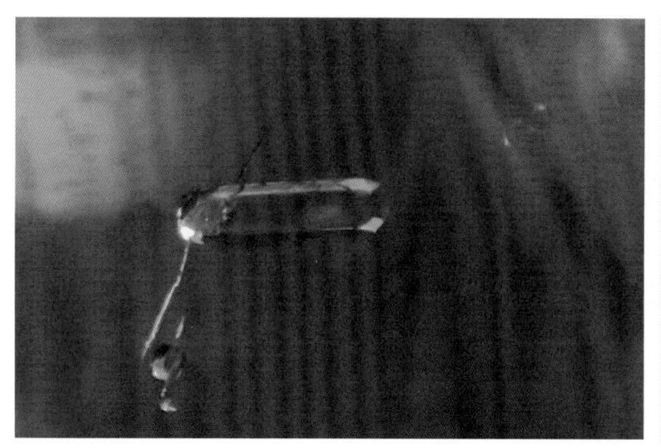

图 5-14　缅甸蓝宝石中的柱状磷灰石包裹体

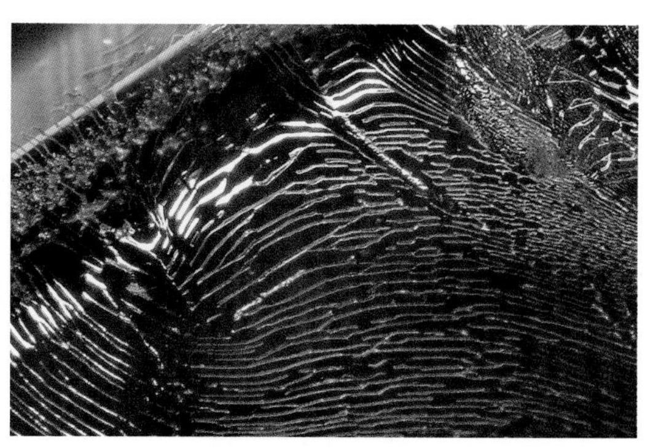

图 5-15　缅甸蓝宝石中的指纹状流体包裹体
（图片来源：Roland Schluessel，Pillar & Stone International）

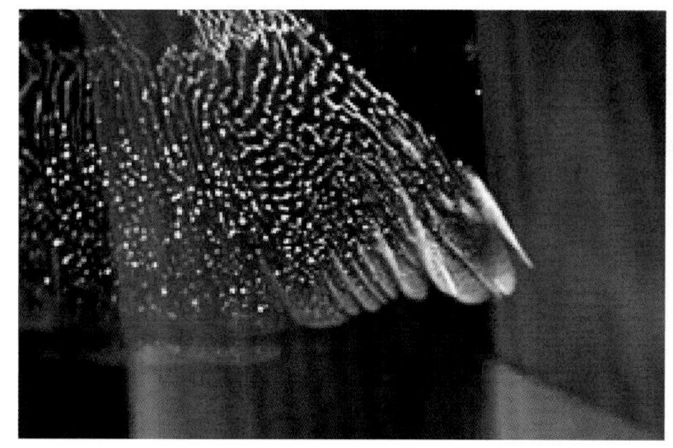

图 5-16　缅甸蓝宝石中的羽翼状流体包裹体
（图片来源：Roland Schluessel，Pillar & Stone International）

图 5-17　缅甸蓝宝石中可见聚片双晶
（图片来源：Richard W. Hughes/www.ruby-sapphire.com）

第三节
斯里兰卡的主要蓝宝石矿

图 5-18　著名的洛根蓝宝石产于斯里兰卡，重 423 克拉

斯里兰卡（Sri Lanka），旧称锡兰，是一个热带岛国，形如印度半岛的一滴眼泪，镶嵌在辽阔的印度洋上。“斯里兰卡”在僧伽罗语中意为“乐土”或“光明富庶的土地”，有“宝石之岛”（Ratna Dweepa）的美称。斯里兰卡蓝宝石的开采历史可追溯到 2000 年前，被认为是最早开采蓝宝石的地区。现如今，斯里兰卡仍是世界上高质量蓝色蓝宝石的主要产出国之一，常发现 100 克拉以上的优质蓝宝石（图 5-18）。世界各大展览馆中的大颗粒蓝宝石大多来自这座宝石矿产丰富的热带岛屿。

斯里兰卡蓝宝石（图 5-19 ~ 图 5-21）主要产自拉特纳普勒（Ratnapura）和巴郎戈德（Balangoda）的次生矿床中。此外，埃勒黑勒地区（Elahera）还有少量原生矿。其

中，拉特纳普勒是斯里兰卡岛上最早出产蓝宝石（图 5-22）的地区。

斯里兰卡蓝宝石（图 5-23）以其色彩绚丽、透明度高而区别于世界其他产地的蓝宝石，高质量的斯里兰卡蓝宝石成品以其具有艳丽的翠蓝色内反射色而区别于缅甸、泰国蓝宝石。蓝色系列中有灰蓝、浅蓝、海蓝等多种颜色。斯里兰卡还是高品质星光蓝宝石（图 5-24）的重要产地。

图 5-19　在现代河流中开采蓝宝石砂矿石（斯里兰卡拉特纳普勒蓝宝石矿）（图片来源：Dietmar Schwarz）

图 5-20　在现代河流中淘洗分选蓝宝石

图 5-21　竖井中开采蓝宝石（斯里兰卡拉特纳普勒蓝宝石矿）（左图由张昱提供）

图 5-22　产自斯里兰卡拉特纳普勒的蓝宝石晶体（图片来源：www.irocks.com）

图 5-23　产自斯里兰卡的蓝宝石［图片来源：国际有色宝石协会（ICA）］

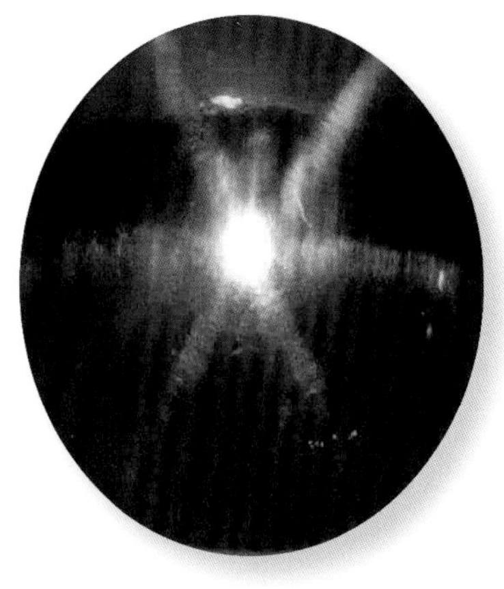

图 5-24　产自斯里兰卡的星光蓝宝石
［图片来源：国际有色宝石协会（ICA）］

图 5-25　产自斯里兰卡的帕德玛蓝宝石
（图片来源：Roland Schluessel，Pillar & Stone International）

除蓝色系列外，斯里兰卡还产出黄色、绿色等多种颜色的蓝宝石。其中，柔和的粉橙色帕德玛蓝宝石（图 5-25）备受青睐。虽然如今帕德玛蓝宝石在其他产地也有发现，但当看到高品质的帕德玛蓝宝石时，还是让人不禁联想到其最初的产地——斯里兰卡。

斯里兰卡蓝宝石中含有丰富的矿物包裹体（图 5-26 ~图 5-29），其针状金红石包裹体通常比缅甸蓝宝石中的更细长，常称为丝状金红石包裹体。

斯里兰卡蓝宝石含有丰富的液态包裹体（图 5-30 ~图 5-33），组合形态相对规则、美丽，可作为其产地特征。斯里兰卡蓝宝石内的特征包裹体还有拉长的负晶，在其负晶内常充填单相或多相流体包裹体。

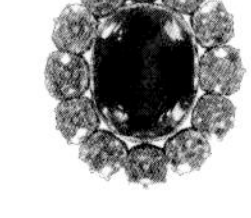

图 5-26　斯里兰卡蓝宝石中沿三个方向定向排列的丝状金红石包裹体
（图片来源：Roland Schluessel，Pillar & Stone International）

图 5-27　斯里兰卡蓝宝石中呈蛛网状排列的丝状金红石包裹体
（图片来源：Richard W. Hughes/www.ruby-sapphire.com）

图 5-28 斯里兰卡蓝宝石中的板状金云母包裹体
（图片来源：Roland Schluessel，Pillar & Stone International）

图 5-29 斯里兰卡蓝宝石中共生的磷灰石与针状金红石包裹体
（图片来源：Roland Schluessel，Pillar & Stone International）

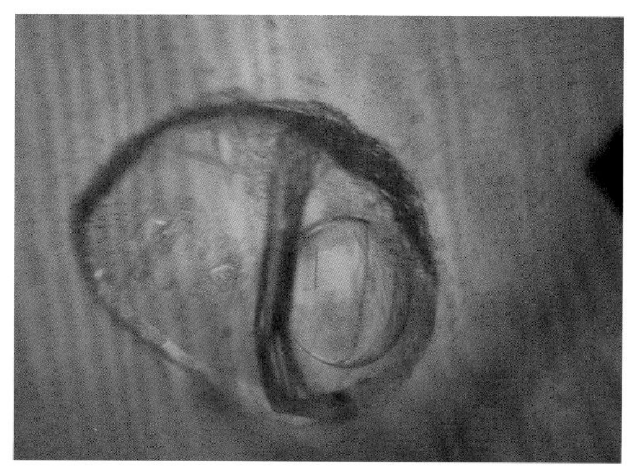

图 5-30 斯里兰卡蓝宝石中的两相包裹体

图 5-31 斯里兰卡蓝宝石中的愈合裂隙

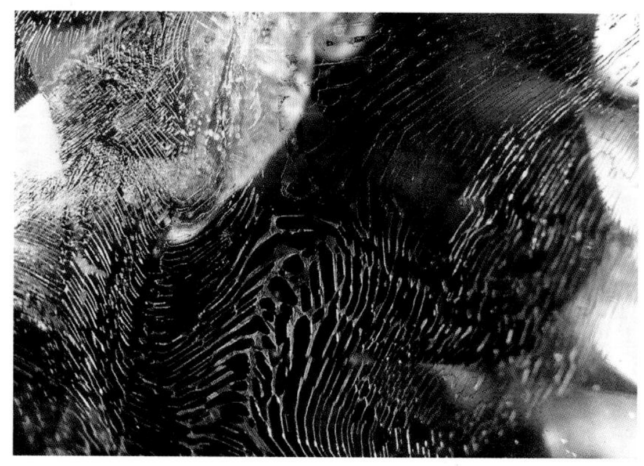

图 5-32 斯里兰卡蓝宝石中的铁质浸染愈合裂隙

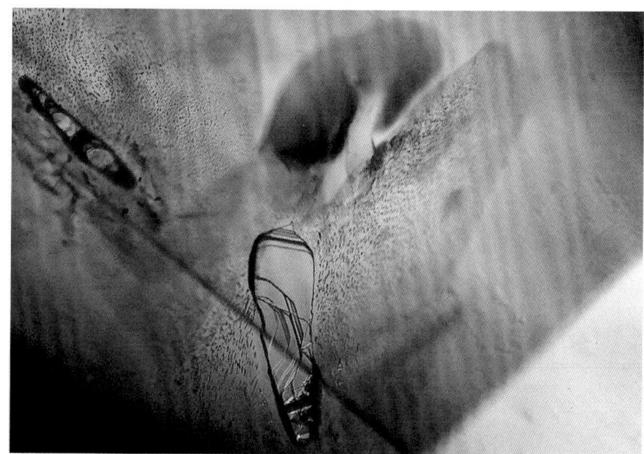

图 5-33 斯里兰卡蓝宝石中的多相包裹体及愈合裂隙

（图片来源：Roland Schluessel，Pillar & Stone International）

第四节

美国蒙大拿州的蓝宝石矿

从 19 世纪下半叶开始陆续在美国发现多处蓝宝石矿床，但最著名的还是蒙大拿（Montana）矿区。蒙大拿蓝宝石主要产于 4 个地区：约戈（Yogo）、岩溪（Rock Creek）、干杨木溪（Dry Cottonwood Creek）以及海伦娜（Helena）北部的密苏里河（Missouri River）。

1865 年，当地人在蒙大拿州路易斯克拉克县（Lewis and Clark County）的密苏里河砾石中发现了美国第一颗蓝宝石。随后又于 1889 年、1892 年和 1895 年在干杨木溪、岩溪和约戈发现了蓝宝石的踪影。

约戈是蒙大拿州目前唯一的原生蓝宝石矿区，虽然其产量不及其他 3 个矿区，但是据报道其开采价值远超其他三个矿区的总和。约戈蓝宝石可呈矢车菊蓝色，色带不明显，净度通常很高，但其原石通常小而扁，呈片状，通常加工出来的蓝宝石不足 1 克拉，2 克拉以上的蓝宝石就十分稀少了。据报道，该产地发现最大的蓝宝石为 1910 年发现的 19 克拉原石，加工后的成品重 8 克拉。

除约戈外，其余 3 个矿区皆为次生蓝宝石矿，3 个矿区所产蓝宝石虽具有不同的晶体大小及形态，但其颜色相似，主要为中等深度的蓝色或蓝绿色及少量的深蓝色，颜色分布均匀，很少出现色带，局部可见三角形生长带。此外，还有绿色、粉色、淡红色、紫色、黄色及橙色的蓝宝石产出。

蒙大拿州的蓝宝石（图 5-34）通常内部纯净，仅可见少量的固态包裹体（图 5-35），常见方沸石、金红石、水铝矿等。可见聚片双晶，少量呈指纹状、网状的流体包裹体。

图 5-34　产自美国蒙大拿州的蓝宝石
［图片来源：国际有色宝石协会（ICA）］

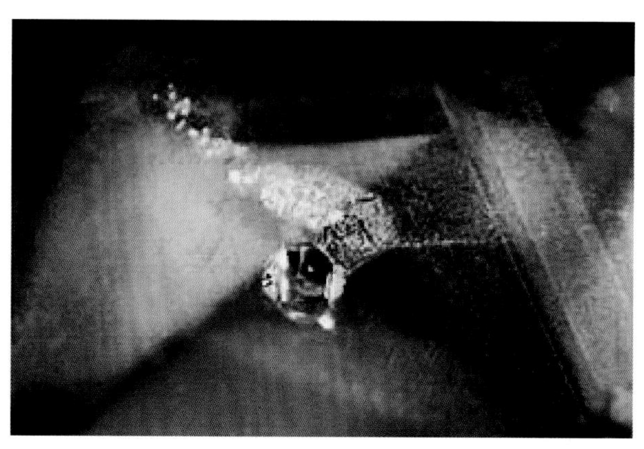

图 5-35　美国蒙大拿州蓝宝石中的橄榄石晶体包裹体
（图片来源：Richard W. Hughes/www.ruby-sapphire.com）

第五节

世界其他主要蓝宝石产地

一、泰国的蓝宝石矿

泰国蓝宝石的开采（图 5-36 ~图 5-39）主要位于 3 个地区：东南部的庄他武里府 - 桐艾府（或译哒叻府）（Chanthaburi-Trat）、西部的北碧府（Kanchanaburi）以及北部的帕府（Phrae）。

庄他武里府和桐艾府与柬埔寨接壤，以出产高质量的红蓝宝石而闻名，包括珍贵的黄色蓝宝石（称为 Mekong Whisky，一种金棕色调的黄 - 橙色蓝宝石）和黑色星光蓝宝石。

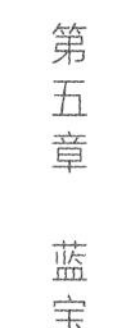

图 5-36 泰国蓝宝石矿的开采

（图片来源：Dietmar Schwarz）

图 5-37 泰国村民用筛子分选蓝宝石砂矿

图 5-38　用水分选原石

图 5-39　手工挑出原石

图 5-40　产自泰国庄他武里的蓝宝石
［图片来源：国际有色宝石协会（ICA）］

北碧府位于泰国的西部，20 世纪初期在冒培（Bo Phloi）发现蓝宝石矿。北碧府以出产深蓝色蓝宝石而闻名，其颜色可以达到墨水蓝色（Inky blue）或黑色，现如今仍是蓝宝石的主要产地之一。

泰国蓝宝石（图 5-40），通常透明度较低，颜色较深，主要有深蓝色、略带紫色色调的蓝色、灰蓝色 3 种颜色，可具有浅蓝色至蓝色的内反射色。部分蓝宝石表面常具有一种灰蒙蒙的雾状外观，这是由于色带中含大量点状物质所致。泰国蓝宝石通常发育完好的六边形色带，这一特征与澳大利亚蓝宝石十分接近。除蓝色外，泰国还出产黄色、绿色蓝宝石及黑色星光蓝宝石。

泰国蓝宝石中固态包裹体（图 5-41）品种繁多，较具代表性的为铀烧绿石、斜长石、赤铁矿、金红石以及伴有应力裂隙的磷灰石、石榴石、黄铁矿等。泰国人蓝宝石含有丰富的流体包裹体（图 5-42），常呈指纹状、羽状、圆盘状。

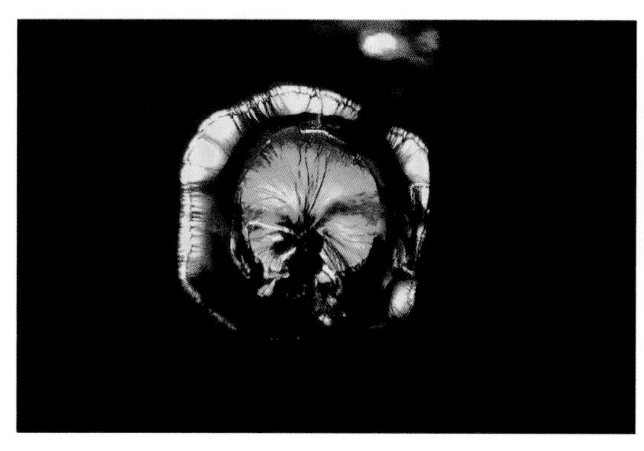

图 5-41　泰国庄他武里府—桐艾府蓝宝石中的固体矿物包裹体及应力裂隙

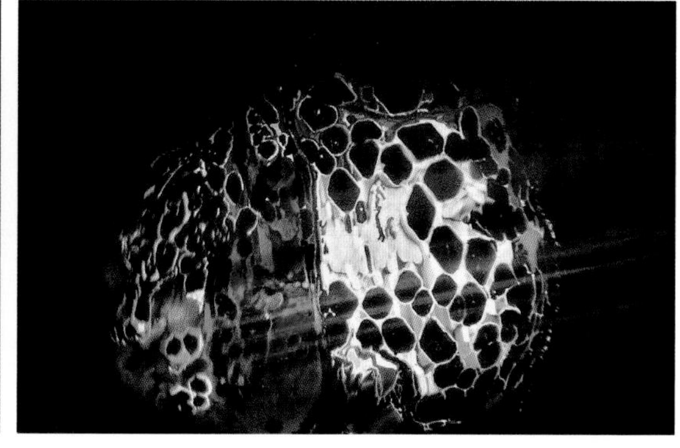

图 5-42　泰国北碧府蓝宝石中的气液两相包裹体

（图片来源：Roland Schluessel，Pillar & Stone International）

二、澳大利亚的蓝宝石矿

1853 年，Reverend W.B.Clarke 在澳大利亚因弗雷尔（Inverell）附近发现与锡石伴生的蓝宝石（MacNevin，1972）。1873 年，昆士兰阿那基镇（Anakie in Queensland）附近发现蓝宝石。如今，澳大利亚的两个主要矿区是昆士兰阿那基及新南威尔士的新英格兰地区（the New England district of New South Wales）（图 5-43）。从 19 世纪 90 年代到 20 世纪 20 年代，蓝宝石的开采仅集中在阿那基和新英格兰矿区，当时所产的大部分蓝宝石被销往俄国和德国。直至 20 世纪 60 年代，随着亚洲对蓝宝石原材料的需求日益增加，大规模的商业性机械化开采才开始实施。

图 5-43　澳大利亚新南威尔士新英格兰地区的 Inverell 蓝宝石矿

澳大利亚是世界上重要的蓝宝石产地之一。澳大利亚蓝宝石（图 5-44）有乳白色、灰绿色、绿色、黄色等多种颜色，由于铁含量比较高，其颜色多发暗，主要为透明度较低的深蓝色、黑蓝色。六边形色带（图 5-45、图 5-46）通常发育得好，可见绿色或黄色的核，周围被蓝色区域包裹。

图 5-44　产自澳大利亚的蓝宝石
［图片来源：国际有色宝石协会（ICA）］

澳大利亚蓝宝石内部一般较干净，可出现少量赤铁矿、长石、铀烧绿石、锆石等矿物包裹体（图 5-47 ~图 5-50）。

图 5-45　澳大利亚蓝宝石中的六边形色带，蓝色与黄色色带交替出现

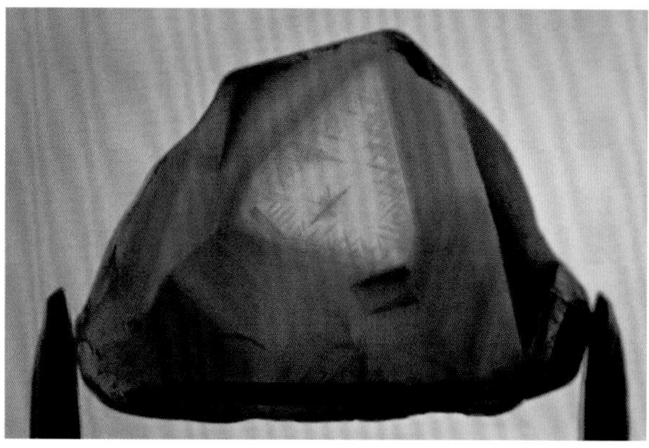

图 5-46　澳大利亚蓝宝石中的黄绿色色域及外围的蓝色色带

（图片来源：Richard W. Hughes/www.ruby-sapphire.com）

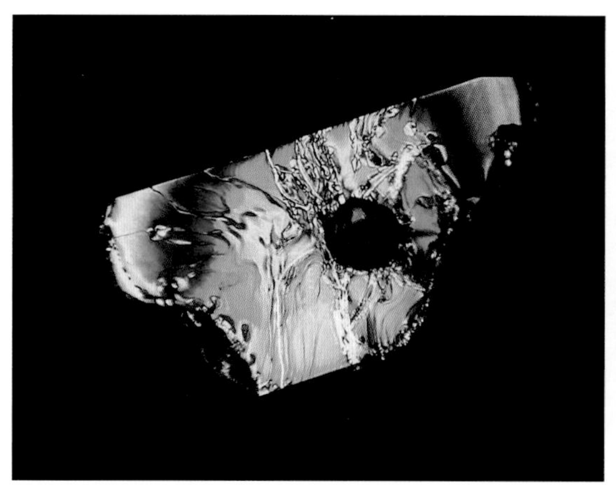

图 5-47　澳大利亚蓝宝石中的矿物及羽状流体包裹体

图 5-48　澳大利亚蓝宝石中的三相包裹体及羽状裂隙，可见针状金红石

图 5-49　澳大利亚蓝宝石中的锆石包裹体及锆石晕

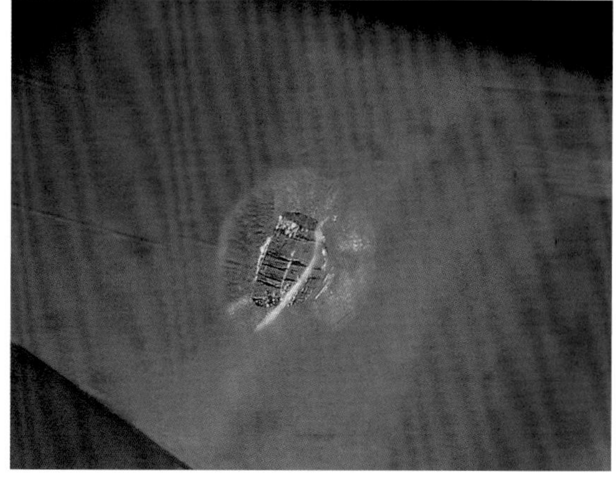

图 5-50　澳大利亚蓝宝石中的斜长石包裹体及应力晕

（图片来源：Roland Schluessel，Pillar & Stone International）

三、中国的蓝宝石矿

中国蓝宝石曾发现于海南省文昌县、福建省明溪县、江苏省南京市六合区、黑龙江穆林县、山东省昌乐县等地。其中，以山东省昌乐县蓝宝石储量最大、产量最高，是中国最重要的蓝宝石产地（图 5-51）。

图 5-51　山东昌乐县五图镇蓝宝石砂矿开采现场

据 1986—1990 年的地质调查，已探明山东省昌乐县境内的蓝宝石矿区面积达 450 多平方千米，储量数亿克拉，并在昌乐县五图镇、北岩镇等地探明了多个蓝宝石富集矿区。

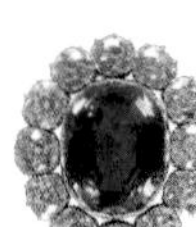

中国山东蓝宝石（图 5-52）以粒度大、净度高、晶体完整（图 5-53）而著称，其颜色有深蓝色、蓝黑色、绿色和黄色。由于含铁量高，山东蓝宝石主要为深蓝至蓝黑色，大多带有紫色调，但由于透明度较低，仅在较强的透射光下才能观察到这种紫蓝色。而黄色蓝宝石大多具有较高的透明度和净度。

图 5-52　山东蓝宝石镶钻男戒

图 5-53　晶体完整的短柱状山东蓝宝石
（图片来源：国家岩矿化石标本资源共享平台，www.nimrf.net.cn）

第六章

Chapter 6

红宝石的优化处理、合成及相似品的鉴定

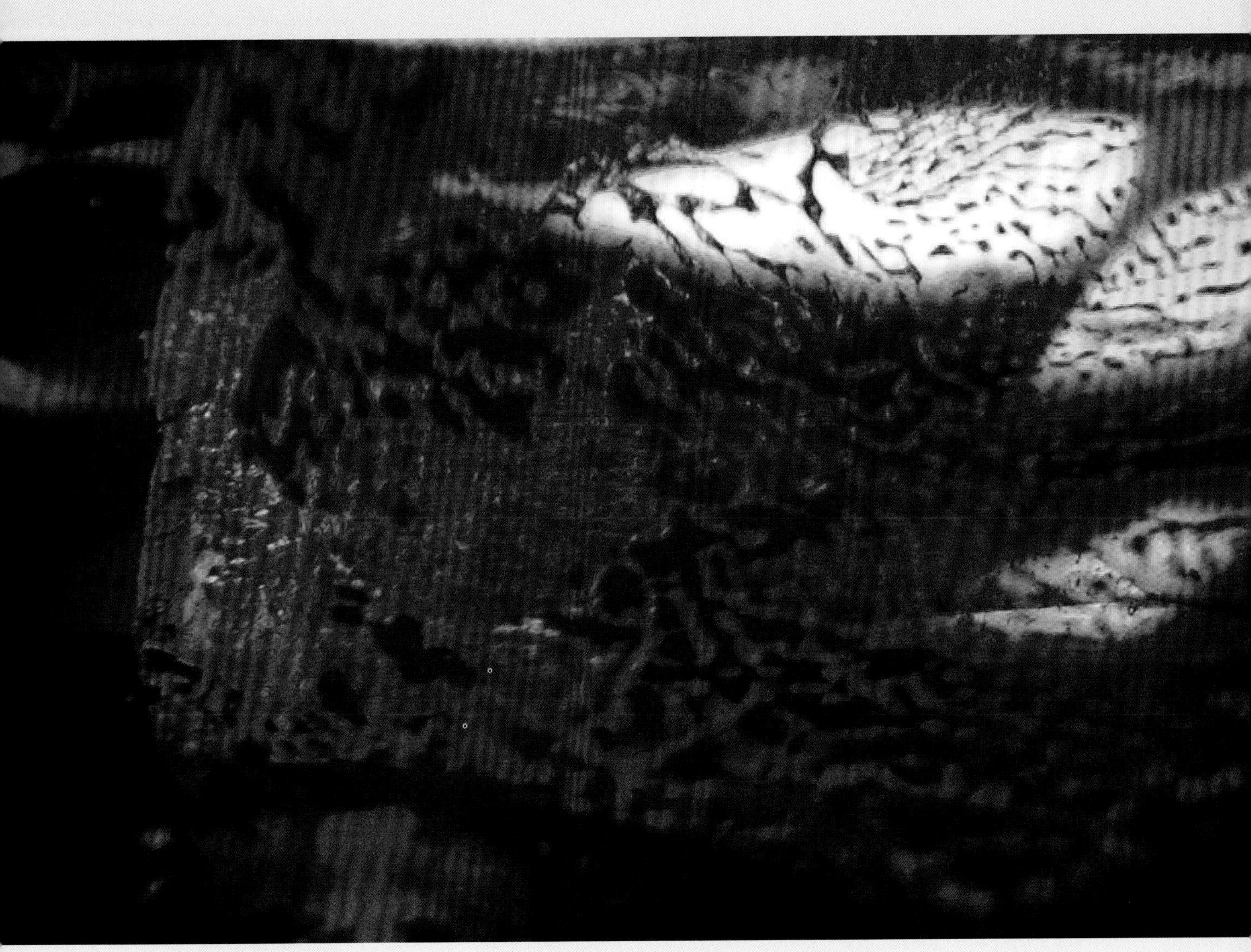

第一节

红宝石的优化处理及其鉴定特征

高品质的天然红宝石极为罕见，人工优化处理能使品质不好的红宝石达到较好的外观效果。随着科技的发展，人工优化处理红宝石的方法逐渐被人们掌握并推广，常见的有热处理、染色处理、浸油处理、充填处理和扩散处理。红宝石是否经过优化处理，对其价值会产生极大的影响，在价格上可能有几倍甚至几十倍的差距。所以，无论是对鉴定专家还是对购买者来说，掌握红宝石的优化处理及其鉴定特征的知识尤为重要。

一、红宝石的热处理及其鉴定特征

热处理（Heating）是红宝石最为常见的优化方法，可以取得改善颜色、愈合裂隙、诱发星光等效果，其效果稳定，不会随时间的推移而变化。市场上，经过热处理的红宝石较为常见，俗称“有烧”或“烧过”（Heated）。

热处理的温度较高，处理之后的红宝石中，一些原有的固态包裹体会熔融再结晶，形态发生明显的变化，针状包裹体（如金红石）可能出现断断续续的现象。这些特征需要在显微镜下仔细观察才能发现。

另外，经过热处理的红宝石可在短波紫外荧光下，整体呈红色强荧光，并伴有蓝色白垩状荧光（图 6-1）。而这种现象在天然红宝石中极为罕见，可作为辅助性的鉴别特征。

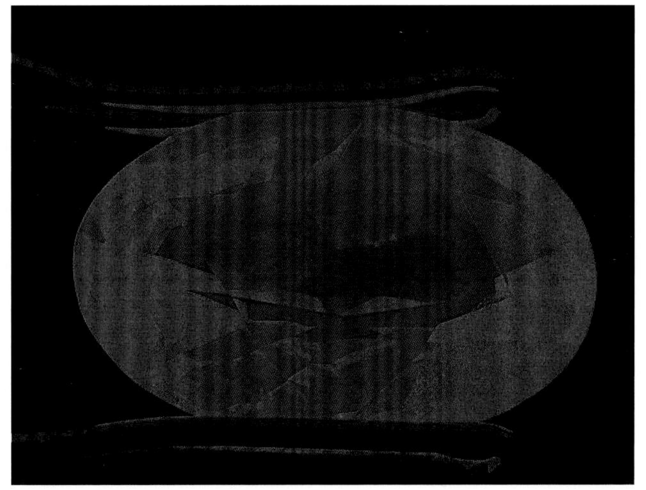

图 6-1　经过热处理的孟速红宝石，在紫外短波下呈红色强荧光并伴有蓝色白垩状荧光
（图片来源：Richard W. Hughes/www.ruby-sapphire.com）

二、红宝石的染色与浸油处理及其鉴定特征

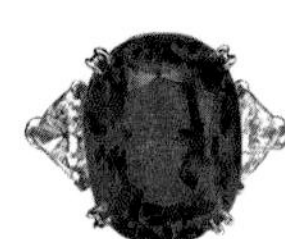

红宝石的染色和浸油处理（Dyeing and Oiling）通常属于比较老式的处理方法。浸油处理使用的都是有色油。经过浸油处理的红宝石在市场上仅偶被发现。这两种方法均可以有效改善红宝石的颜色和透明度，通过简单的放大观察就可以辨别，会发现颜色沿着裂隙或在凹陷处浓集（图 6-2）。

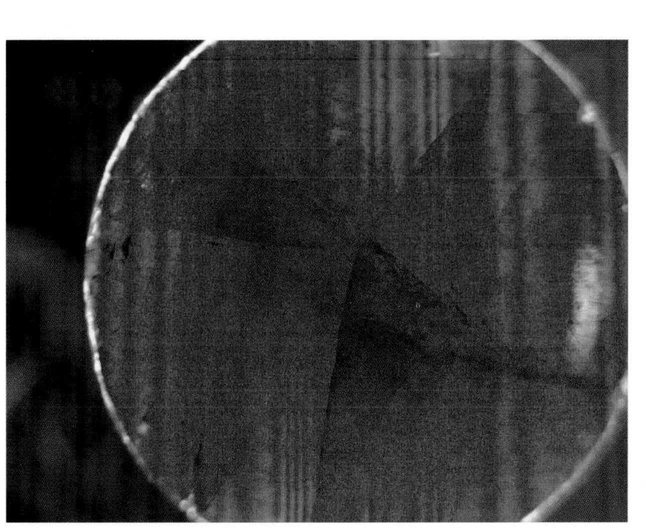

图 6-2　染色红宝石中染料沿裂隙分布

三、红宝石的裂隙充填及其鉴定特征

用树脂、胶、玻璃等材料对红宝石进行裂隙充填处理（Fracture Filling），可掩盖其裂隙。尤其是孟速矿区开采的红宝石发育有较多的裂隙，通常进行充填处理。玻璃充填或铅玻璃充填红宝石曾一度在市场中泛滥，购买者应提高警惕。

铅玻璃充填红宝石的鉴别比较困难，因为这种方法是在600～680℃的加热条件下进行，不仅能较好地填补和愈合裂隙，还能使一些耐高温的固态包裹体保持完好的晶体形态，例如金红石、磷灰石等。

通过放大检查，通常能发现表面充填玻璃处与红宝石本身的光泽存在较大差异（图6-3），有时还能在充填玻璃中见到气泡。

通过钻石观测仪（DiamondView™）观察、电子探针分析实验或二次背闪射电子像观察，铅玻璃充填处理痕迹十分明显。此方法可区别铅玻璃充填红宝石与未经处理的天然红宝石。

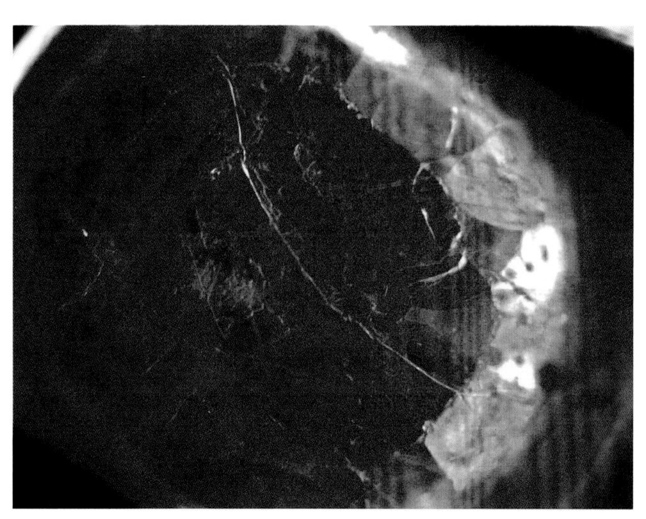

图6-3　经过玻璃充填处理的红宝石表面可见凹陷纹，与红宝石主体光泽差异明显

第二节

合成红宝石及其鉴定特征

图 6-4　焰熔法合成红宝石梨形晶
（图片来源：国家岩矿化石标本资源共享平台，www.nimrf.net.cn）

图 6-5　颜色鲜艳的合成红宝石
（图片来源：国家岩矿化石标本资源共享平台，www.nimrf.net.cn）

早在 19 世纪初，人们就开始探寻合成红宝石的方法。近代，各种合成红宝石的方法在经过实验室阶段后，开始逐渐进入市场。目前，市场中流通的合成红宝石方法有焰熔法（图 6-4）、助熔剂法、水热法等。合成红宝石颜色鲜艳（图 6-5），物理性质与天然红宝石相似，外观上具有相当大的迷惑性。

一、焰熔法

焰熔法（Flame Fusion Method）合成红宝石效率高、晶体大、成本低，在市场上最为常见。

焰熔法合成红宝石外观为梨

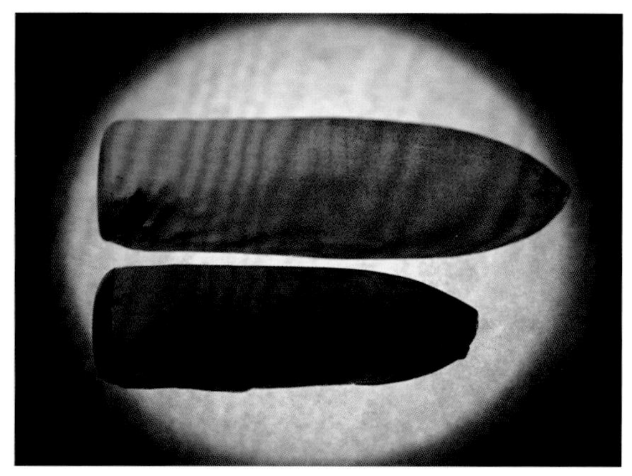
图 6-6　焰熔法合成红宝石呈梨形晶

图 6-7　从台面观察焰熔法合成红宝石可见明显的多色性（紫红色和红色）

形晶（图 6-6），通常梨形晶在冷却过程中会自然裂开，因而切磨方向会与天然红宝石不同，故焰熔法合成红宝石切磨的刻面宝石往往可从台面观察到多色性（图 6-7）。

使用亮域照明或散射照明进行放大观察，通常可以在焰熔法合成红宝石中见到弧形生长纹（图 6-8），一些合成条件不理想的合成红宝石中还可见气泡。

在紫外荧光灯下，焰熔法合成红宝石具有比天然红宝石更强烈的红色荧光。

图 6-8　焰熔法合成红宝石中的弧形生长纹

二、助熔剂法

助熔剂法（Flux Method）合成红宝石的条件比较苛刻，生长过程与天然红宝石比较相似，因而其合成品的特性与天然红宝石比较接近，产品鉴别的难度也更高。

助熔剂法合成红宝石中可能留有助熔剂残余（图 6-9），多呈树枝状、栅栏状或网状，斜向照明时可观察到助熔剂呈黄橙色。有时，助熔剂法合成红宝石中还会有三角形、六边形或不规则多边形状的铂金片。

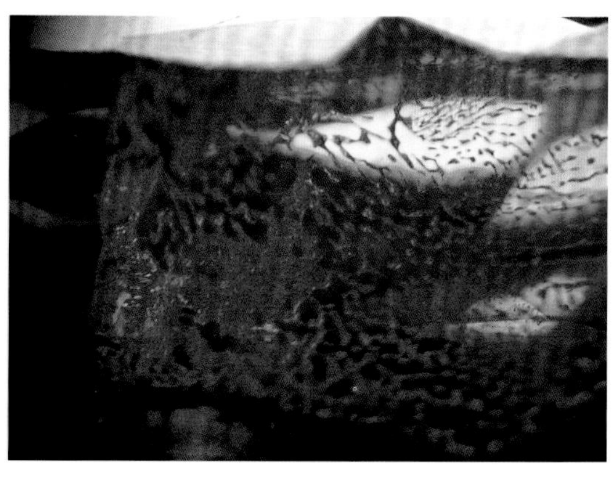
图 6-9　助熔剂法合成红宝石中的助熔剂残余
（图片来源：Johnson Li，GIHK）

三、水热法

水热法（Hydrothermal Method）合成红宝石难度较大，成本较高，在市场中上很少见。

水热法合成红宝石内部可能会有种晶片，种晶片与周围存在明显的分界线。界线上可有雾状的气泡。

水热法合成红宝石通常有如水波一般的生长纹（图 6-10）。

在市场上，合成红宝石有时会以其生产商的名称作为成品名称来销售，如查塔姆（Chatham）红宝石、卡善（Kashan）红宝石、拉姆拉（Ramaura）红宝石、克尼什卡（Knischka）红宝石、多罗斯（Douros）红宝石等，容易使购买者误以为是某些特殊产地的红宝石。我国珠宝玉石国标（GB/T 16552-2010）明确规定，禁止使用生产厂、制造商的名称对宝石直接定名。

图 6-10　水热法合成红宝石中的水波纹

第三节

红宝石相似品和仿制品的鉴别特征

公元前 315 年，古希腊学者泰奥弗拉斯托斯在其所著的《论石》（*About Stone*）中，简单地按颜色对宝石分类。他将红宝石、石榴石、尖晶石和其他红色宝石归为一类，全都称为 Carbunculus。至罗马第一世纪时期，普林尼才采用比重和放大检查天然包裹体的方式将 Carbunculus 一一区分开来。历史上许多红色尖晶石、红色碧玺、红色石榴石，都曾一度被误认为是红宝石，最著名的“仿冒者”非尖晶石莫属。

一、历史上著名的“红宝石”——尖晶石

（一）黑王子红宝石

著名的黑王子红宝石（Black Prince's Ruby）其实是一颗红色尖晶石（图 6-11），重 176 克拉。

这颗宝石原来归堂·皮德罗（Don Pedro，13 世纪的一位西班牙贵族，塞维利亚统治者）所有。1366 年，堂·皮德罗与其兄长亨利产生矛盾，为了保住性命，堂·皮德罗向黑王子爱德华（Edward the Black Prince，1330—1376）求助，承诺回报以非常珍贵的财宝。1367 年，黑王子打败了亨利，并得到了这颗后来被称为黑王子红宝石的尖晶石。英王亨利五世（Henry V，1387—1422，1413—1422 年在位）1415 年 10 月 25 日对法兰西作战时，曾被镶嵌有该宝石的头盔救了一命。

1625 年，查理一世加冕。他发现，这颗宝石并没有像其他皇家珠宝一样锁在皇家珠宝库里。克伦威尔（Oliver Cromwell，1599—1658，查理一世被处决后作为英国军事和政治领袖领导联合体）统治期间，联合体（成立于 1649 年查理一世被处死时，作为资产阶级代表限制皇家权力的集团）开始向外售卖皇家首饰。令人发笑的，一份查理一世珠宝售卖清单记载，“被自己的价格表包着的红宝石”（perced balas ruby wrapt in paper by itself）仅要价 4 英镑，指的就是黑王子红宝石［另有一种说法是，另一颗被称为岩石红宝石（Rock Ruby）］的宝石，标价 15 英镑。

图 6-11　镶嵌在英帝国皇冠中央的黑王子红宝石

1660 年，一位不知名的商人在斯图亚特王朝复辟后将黑王子红宝石回卖给了当时的英王查理二世（Charles II，1630—1685，加冕于 1649 年 1 月 30 日），英王查理二世将其重新镶嵌到皇冠上最显眼的地方。

1841 年，一场大火席卷了伦敦塔，皇冠差点被大火烧毁。第二次世界大战期间皇冠又面临希特勒炸弹的威胁，但皇冠又一次幸存了下来。至今，黑王子红宝石仍然是英国皇冠上的主要宝石之一，保存在英国伦敦塔里。

（二）帖木儿红宝石

1851 年之前，重达 352.5 克拉的帖木儿红宝石（Timur Ruby）一直被误认为是世界上最大的红宝石，实际是一颗巨大的尖晶石（图 6-12）。1849 年，英国入侵印度，将帖木儿红宝石和光明之山夺走，并于 1851 年作为礼物赠送给了维多利亚女王。

图 6-12　帖木儿红宝石

帖木儿红宝石并未经过切磨，保留了原有的巴洛克式的形态。在宝石表面，密密麻麻地刻着许多铭文，记录了那些曾经拥有过它的国王们，包括阿克巴（Akbar，1542—1605）、贾汗吉尔（Jahangir，1569—1627）、奥朗则布（Aurangzeb，1618—1707）、法鲁克锡亚（Farrukh Siyar，1685—1719）、艾哈迈德沙·杜兰尼（Ahmad Shah Durrani，1722—1773）以及最早的主人帖木儿（Timur，1336—1405）。1953 年，英国女王伊丽莎白二世佩戴帖木儿红宝石出现在加冕礼上。

二、红宝石相似品及其鉴别特征

对于宝石爱好者来说，一方面，一些红色的宝石或材料容易与红宝石混淆；另一方面，市场上有一些不良商家以假乱真，因此必须依据鉴定特征准确区分红宝石与相似品种。

（一）红色尖晶石

红色尖晶石（Spinel）（图 6-13）与红宝石最为相似。尖晶石属于等轴晶系，没有多色性，无论从哪个方向观察，都不会有色调的变化。放大检查可以发现小颗粒的八面体晶质包裹体，可以作为天然尖晶石的诊断性证据。

图 6-13　红色尖晶石
［图片来源：国际有色宝石协会（ICA）］

（二）红色石榴石

高品质的石榴石（Garnet）也可以呈类似红宝石的红色。但是，由于石榴石含大量铁元素而没有荧光反应，整体色调偏暗，颜色不及红宝石艳丽。与尖晶石一样，石榴石属于等轴晶系，不具多色性。

镁铝榴石（图 6-14）通常呈略偏紫色调的红色。铁铝榴石（图 6-15）通常呈褐红色。

（三）红色碧玺

碧玺（Tourmaline）品种中的玫红碧玺（Rubilite，市场上称为红宝碧玺）（图 6-16）容易与红宝石混淆。碧玺具有强二色性，如果切工完美，火彩也会非常闪耀。放大检查可见较多气液包裹体、不规则管状包裹体、平行线状包裹体、扁平薄层空穴等。由于碧玺的双折射率较高，从冠部观察亭部的刻面棱重影非常明显，可以与红宝石区分开来。

图 6-14　镁铝榴石

图 6-15　铁铝榴石

三、红宝石仿制品及其鉴别特征

图 6-16 红色碧玺

红宝石最常见的仿制品是红色玻璃。人造玻璃（图6-17）因为其制作成本低、颜色易控等原因，经常作为各种宝石的仿制品出现在市场上。玻璃为非晶质体，无多色性，由于致色离子单一且均匀分布以致颜色过于浓艳。放大检查可见气泡、表面空洞、拉长的空管、流动构造、铸模痕、浑圆状刻面棱线等特征，断口呈贝壳状，手掂较轻。由于导热性不高而有温感。

图 6-17 红色玻璃

在宝石鉴定实验室里，区分以上红宝石的相似品和仿制品并不困难，只需借助折射率、双折射率、多色性、相对密度、紫外荧光等鉴定特征就能有效鉴别（表 6-1）。

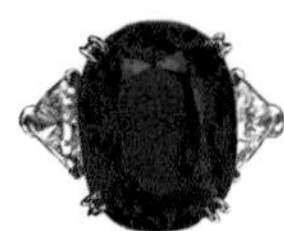

表6-1 红宝石与其相似品及仿制品的鉴别特征

名 称	折射率（RI）	双折射率（DR）	多色性	相对密度（SG）	紫外荧光
红宝石	1.762~1.770	0.008~0.010	强	3.95~4.05	UV：LW下强红色、SW下中等红色；特征铬吸收谱
尖晶石	1.718	无	无	3.57~3.70	LWUV下弱~强红色、橙色
镁铝榴石	1.74	无	无	3.62~3.87	荧光惰性
铁铝榴石	≥1.76	无	无	3.93~4.30	荧光惰性；特征铁吸收谱
碧 玺	1.624~1.644	0.018~0.040	强	3.06	通常无荧光；无特征吸收光谱
玻 璃	不定	无	无	不定	通常紫外线下短波强于长波；光谱因致色离子的不同而不同

孔雀之灵

蓝宝石、红宝石、翠榴石胸针

孔雀是“百鸟之王”，是吉祥、善良、华贵的象征。作品采用爪镶、钉镶、包镶等多种镶嵌方法，颜色搭配巧妙，造型舒展、大气！

第七章

Chapter 7

蓝宝石的优化处理、合成及相似品的鉴定

第一节 蓝宝石的优化处理及其鉴定特征

天然蓝宝石资源有限，优质的蓝宝石更为稀少。人们对那些质量一般的天然蓝宝石进行优化处理，以满足对优质蓝宝石的需求，也可以使宝石资源得到更有效的利用。常见的优化处理方法有热处理、染色处理、扩散处理和辐照处理。

一、蓝宝石的热处理及其鉴定特征

热处理是蓝宝石的一种优化方法，历史悠久，具有主要作用如下：

（1）提升暗蓝色、黑蓝色蓝宝石颜色的明亮程度。

（2）诱发或加深蓝宝石的蓝色浓度。

（3）去除蓝宝石中的丝状包裹体或发育不完美的星光效应。

（4）使蓝宝石产生星光效应。

（5）将浅黄色、黄绿色的蓝宝石在氧化条件下进行高温处理，改善为橘黄色至金黄色蓝宝石。

经过热处理的蓝宝石产生的效果明显、稳定持久。在国际珠宝市场上，经过热处理的蓝宝石与天然蓝宝石价格相差悬殊，因此，鉴定蓝宝石是否经过热处理至关重要。

蓝宝石中的针状或丝状金红石包裹体经过高温熔蚀，其长针状晶体被熔断，形成微小的点状、断续的丝状等形态，有时经过高温处理的蓝宝石表面可见一种白色丝斑，为金红石被高温破坏后的产物。经过高温处理，蓝宝石的色带边界可变得模糊。另外，少数经过热处理的蓝宝石，在短波紫外光下可发出白垩状荧光（图 7-1）。

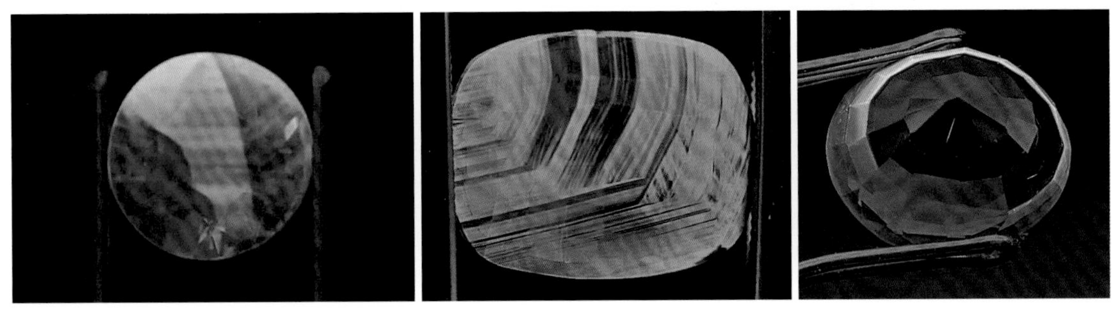

图 7-1　某些经过热处理的蓝宝石的色带在短波紫外光下发出白垩状荧光
（图片来源：Richard W. Hughes/www.ruby-sapphire.com）

二、蓝宝石的扩散处理及其鉴定特征

蓝宝石的扩散处理（Diffusion）包括表面扩散与和体扩散。

表面扩散处理：为早期扩散处理方法，在高温下通过不同致色剂的扩散，产生不同的颜色。产生的颜色仅出现在宝石表面，抛光即可去除。通过表面扩散还可产生星光效应。

在浸液中观察可发现，在经过表面扩散处理的刻面蓝宝石的腰围和刻面交棱处会出现颜色浓集，呈蜘蛛网状图案（图 7-2），而未经扩散处理的则不易看到（图 7-3）。

经过表面扩散处理的星光蓝宝石整体呈黑灰色调的深蓝色，在弧面形宝石的底部或裂隙内常存在红色斑块状物质，与合成星光蓝宝石相似，“星光”完美，星线均匀。

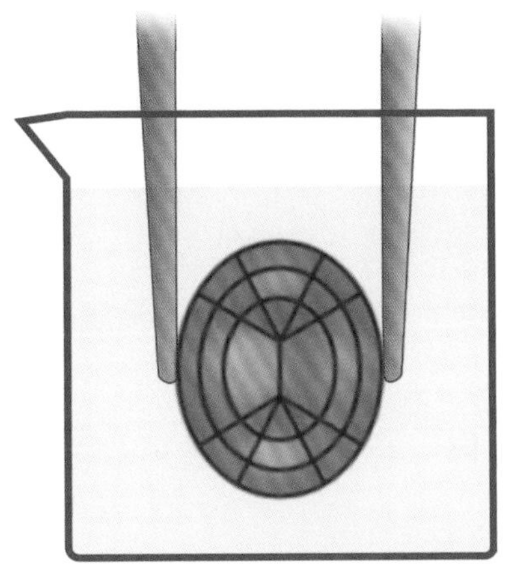

图 7-2　经过扩散处理的蓝宝石中可见颜色沿刻面棱浓集

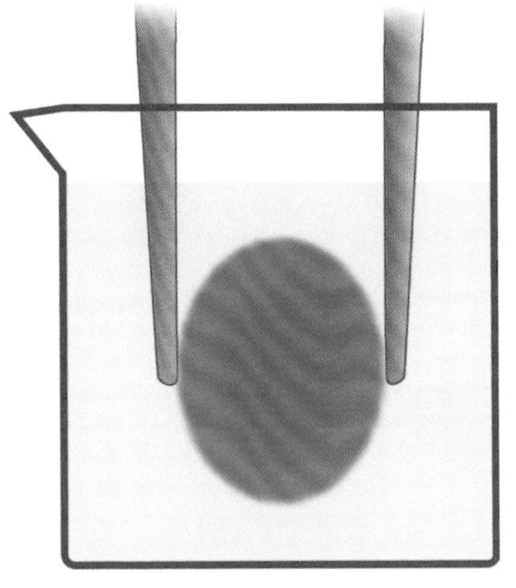

图 7-3　未经扩散处理的蓝宝石轮廓模糊

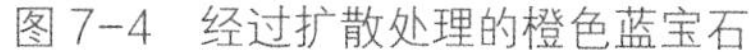
图 7-4　经过扩散处理的橙色蓝宝石

图 7-5　经过铍扩散处理的蓝宝石在二碘甲烷浸液中可见近表面有明显的黄至橙色色层
（图片来源：Richard W. Hughes/www.ruby-sapphire.com）

体扩散处理：可使颜色深入表面一定深度或整颗宝石。这种处理方法 2001 年前后出现，也称为晶格扩散（lattice Diffusion）或铍（Be）扩散处理（Beryllium-diffusion Treatment）（图 7-4）。无色或近无色的蓝宝石经铍扩散处理后，呈黄色、橙色等，可与帕德玛蓝宝石具有相似的颜色。

在二碘甲烷浸液中观察可发现，由铍扩散处理产生的颜色区域可为黄色、橙色，被此色域包围的中心可为粉红色、红色、无色、蓝色等（图 7-5）。或者，使用大型仪器如次离子质谱仪（SIMS）、等离子质谱仪（LA-ICP-MS）或 X 射线荧光能谱仪（EDXRF），检测铍（Be）含量是否有异常，也是鉴定铍扩散处理的有效手段。

三、蓝宝石的辐照处理及其鉴定特征

早期的辐照处理（Irradiation），通过 X 射线或 Y 射线辐照，可使无色、浅黄色的蓝宝石产生深黄色或橙黄色，其颜色通常极不稳定，在光照下易褪色。

近几年来，通过中子辐照可使无色蓝宝石外观呈浅黄 - 褐黄色。经过这样处理的蓝宝石光照不褪色。

粉红色蓝宝石通过辐照处理也可产生稀少的橙 - 粉色，与帕德玛蓝宝石非常相似。因此，若市场上出现大量“帕德玛”蓝宝石，应格外警惕。

无色蓝宝石经辐照具有浅黄 - 褐黄色美丽外观，粉色蓝宝石经辐照具有橙 - 粉色美丽外观（图 7-6）。

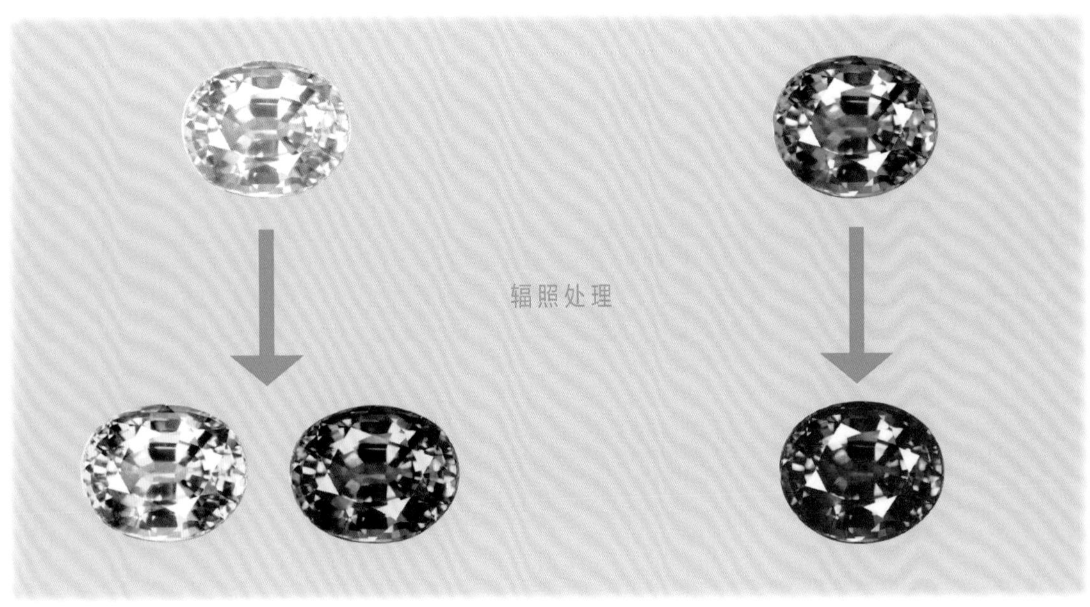

图 7-6　蓝宝石的辐照处理示意图

第二节

合成蓝宝石及其鉴定特征

蓝宝石常见的合成方法主要有焰熔法和助熔剂法。合成蓝宝石（图 7-7）与天然蓝宝石颜色无明显差异，相对密度、折射率等物性常数也基本相同，但经验丰富的鉴定师可以通过肉眼观察、放大检查或仪器检查加以识别。

图 7-7　合成蓝宝石
（图片来源：国家岩矿化石标本资源共享平台，www.nimrf.net.cn）

一、焰熔法

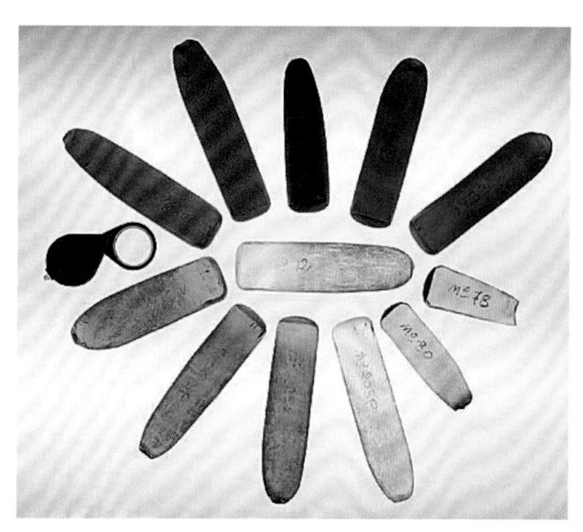

图 7-8　焰熔法合成红蓝宝石梨形晶
（图片来源：Richard W. Hughes/www.ruby-sapphire.com）

焰熔法，也称维尔纳叶法或火焰法，是从熔体中生长单晶体的方法，是合成蓝宝石的重要方法。目前，可以生产出多种颜色的合成蓝宝石、合成星光蓝宝石以及合成变色蓝宝石。

焰熔法合成蓝宝石外观为梨形晶（图 7-8），宝石中会有弧形生长纹（图 7-9、图 7-10）。合成条件不理想时，合成蓝宝石中还可见气泡，有时气泡周围有蓝色物质聚集，放大观察时很容易发现。

图 7-9 焰熔法合成蓝宝石梨晶中可见明显弧形生长纹

（图片来源：Richard W. Hughes/www.ruby-sapphire.com）

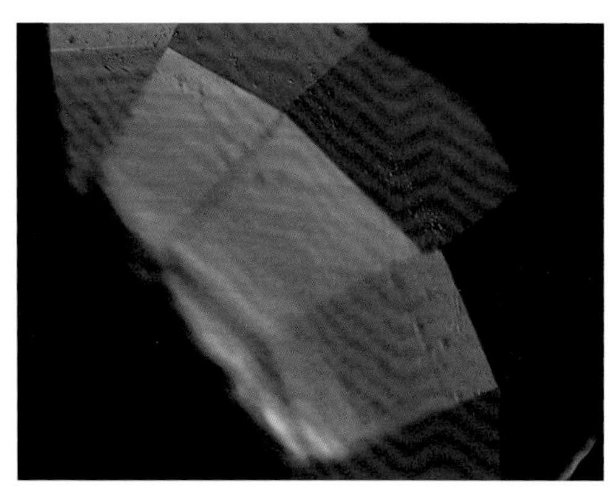

图 7-10 焰熔法合成蓝宝石戒面可见弧形生长纹

焰熔法合成星光蓝宝石（图 7-11），其星线出现在表层，星线完整、清晰、线细，贯穿整个弧面，弧形生长纹明显，尤其是在透射光下，肉眼可见。而天然星光蓝宝石（图 7-12）中的星线产生于内部，星线可以有缺失、不完整、不规则，从中心向外逐渐变细，星光中部有一团光斑，俗称"宝光"。

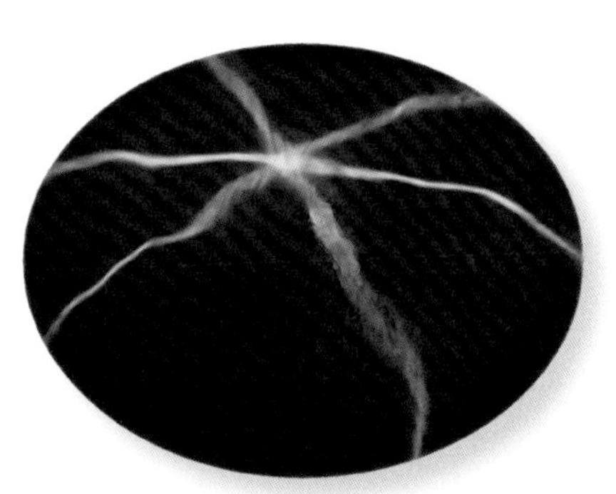

图 7-11 焰熔法合成星光蓝宝石

图 7-12 天然星光蓝宝石

（图片来源：Daniel Torres，Wikimedia Commons）

合成星光蓝宝石通常呈现理想的几何形状，具有高度适中的匀称弧面及扁平的底部（通常经过抛光）（图 7-13）。天然星光蓝宝石通常不完美，弧面可能不规则，且高度不一，总留有一个突出的底而保证最大重量（图 7-14）。

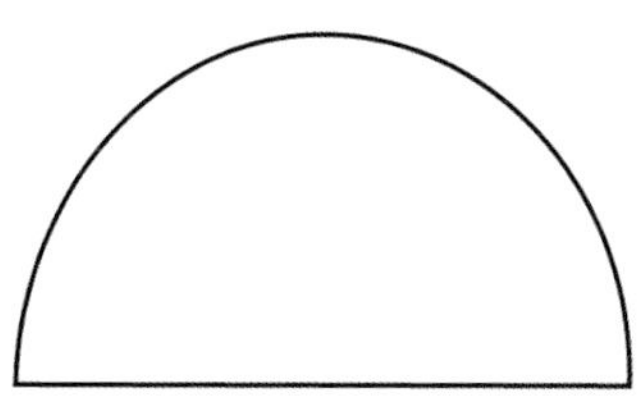

图 7-13 合成星光蓝宝石切工示意图

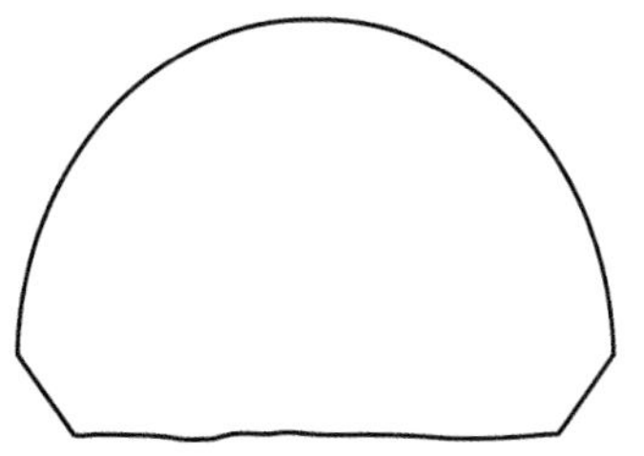

图 7-14 天然星光蓝宝石切工示意图

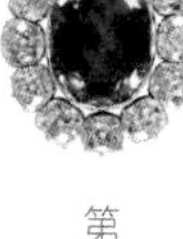

二、助熔剂法

采用助熔剂法常见的厂商有查塔姆（Chatham）、卡善（Kashan）、拉姆拉（Ramaura）、克尼什卡（Knischka）、多罗斯（Douros）。市场上见到查塔姆蓝宝石时，就应知道其是助熔剂法合成蓝宝石，不要把这些制造商的名称误认为是产地。

助熔剂法合成蓝宝石的鉴定特征与助熔剂法合成红宝石相似，可见助熔剂残余及坩埚上的六边形或三角形铂金片。

助熔剂法合成蓝色蓝宝石有可能缺失天然蓝宝石吸收光谱中的460nm、470nm吸收线。

第三节

蓝宝石相似品和仿制品的鉴别特征

目前在珠宝市场上，与蓝宝石相似的天然宝石主要有坦桑石、堇青石、蓝色尖晶石、蓝晶石。常见的仿制品有合成尖晶石、玻璃、拼合蓝宝石。

一、蓝宝石相似品及其鉴别特征

（一）坦桑石

坦桑石（Tanzanite）多为艳丽的蓝紫色（图 7-15），具有非常明显的多色性，可见三个方向的颜色分别为蓝色、紫红色和绿黄色。与蓝宝石相比，其折射率、密度较低。

（二）堇青石

堇青石（Iolite）（图 7-16），蓝至蓝紫色，肉眼可见多色性：蓝色、紫色和浅黄色，相对密度（2.61）明显低于蓝宝石，在相对密度为 2.65 的重液中漂浮；而蓝宝石则快速下沉。

图 7-15　坦桑石
［图片来源：国际有色宝石协会（ICA）］

图 7-16　堇青石
［图片来源：国际有色宝石协会（ICA）］

（三）蓝色尖晶石

与蓝宝石相似的天然宝石中有蓝色尖晶石（图 7-17）。尖晶石（Spinel）为均质体，无多色性现象。只能测到一个折射率（1.718）。内部常可见小颗粒的八面体晶质包裹体和负晶。

图 7-17　蓝色尖晶石
［图片来源：国际有色宝石协会（ICA）］

（四）蓝晶石

蓝晶石（Kyanite）（图 7-18），具有差异硬度，平行于 z 轴方向的摩氏硬度为 4 ~ 5，垂直于 z 轴方向的为 6 ~ 7，表面通常可见划痕。蓝晶石具有一组完全解理，一组中等解理，常见解理纹及色带。

图 7-18　蓝晶石

二、蓝宝石仿制品及其鉴别特征

（一）蓝色合成尖晶石

蓝色合成尖晶石（Synthetic Spinel）（图 7-19）多为焰熔法生产，均质体，无多色性，折射率一般为 1.728。在可见光吸收光谱中，可见清晰的钴（Co）谱。天然钴致色尖晶石的吸收光谱也是钴谱，但不如合成的清晰。

图 7-19　蓝色合成尖晶石

（二）蓝色玻璃

蓝色玻璃（图 7-20）颜色均一，无蓝宝石中的色带。由于玻璃是均质体，所以无多色性现象。具有玻璃光泽，硬度低，表面常见划痕，可见铸模痕。一般内部洁净，有时可见圆形气泡、旋涡纹。

图 7-20　蓝色玻璃

（三）拼合蓝宝石

最常见的拼合蓝宝石主要是冠部为天然浅色蓝宝石，亭部为合成蓝宝石的二层石（图 7-21）。侧面观察，可见冠部与亭部颜色不一致。若为裸石，可见拼合缝（图 7-22）。若采用折边式镶嵌，宝石腰部的拼合缝被遮挡，模仿得更加逼真，不易被发现。

通常，结合缝在腰部，而有些拼合石天然部分较少，如天然蓝宝石扁平薄片或楔形片，可能仅为冠部的一部分，有

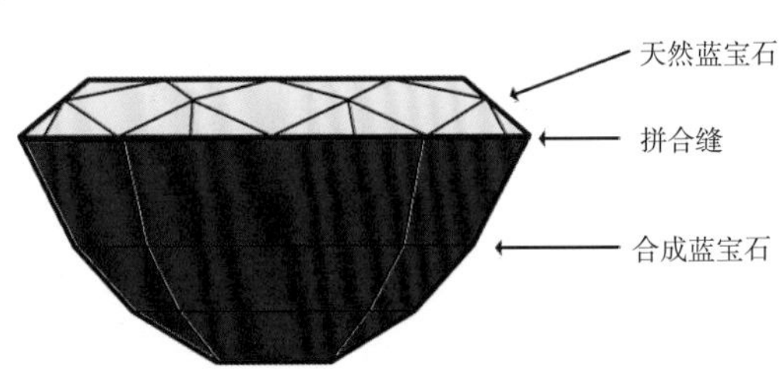

图 7-21　天然蓝宝石合成蓝宝石二层拼合石示意图

图 7-22　天然蓝宝石合成蓝宝石二层拼合石

时甚至只有台面大小，这时结合缝就会显示为斜穿冠部的线。

此外，还有一种蓝宝石的三层拼合石（图 7-23），其冠部与亭部均为无色天然蓝宝石，中间由蓝色胶层粘接。

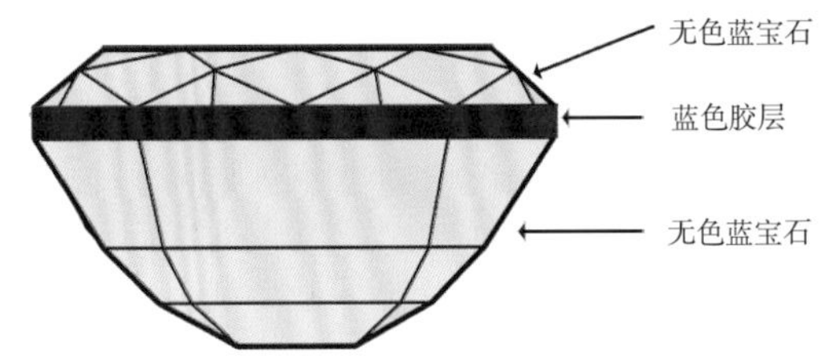

图 7-23　蓝宝石三层拼合石示意图

通过放大观察可见拼合蓝宝石胶结层中被压扁的气泡。如果上层为天然蓝宝石而下层为合成蓝宝石，还可见不同的鉴定特征。

在宝石鉴定实验室里，依据宝石学性质可以快速区分以上蓝宝石的相似品和仿制品（表 7-1）。

表7-1　蓝宝石及其相似宝石、仿制品的鉴定特征

名称	折射率（RI）	双折射率（DR）	多色性	光性特征	相对密度（SG）	硬度
蓝宝石	1.762~1.770	0.008~0.010	明显，深蓝—蓝绿	一轴晶，负光性	4±	9
坦桑石	1.691~1.700	0.008~0.013	强，蓝色、紫红色和黄绿色	二轴晶，正光性	3.35±	8
堇青石	1.542~1.551	0.008~0.012	极强，蓝—紫—浅黄	二轴晶，正光性，有时为负	2.61±	7~7.5
尖晶石	1.718	无	无	均质体	3.60±	8
蓝晶石	1.716~1.731	0.012~0.017	中，无色—深蓝—蓝紫	二轴晶，负光性	3.68±	平行z轴方向4~5，垂直z轴方向6~7
合成尖晶石	一般为1.728（+0.012，-0.008）	无	无	均质体	3.52~3.66	8
玻璃	1.50~1.70	无	无	非晶质体	2.30~4.50	5~6

圆舞曲
红宝石镶钻项坠
红宝石裙摆随舞步旋转，
曼妙的舞姿勾勒出线条，
悠扬的舞曲萦绕在耳畔，
优雅的舞者凝固了时光。

第八章

Chapter 8

红宝石和蓝宝石的质量评价

关于红宝石、蓝宝石，现在国际上有许多机构及实验室都在致力于对其质量进行科学评价，但由于彩色宝石颜色种类繁多，影响因素复杂，目前世界上尚未形成统一的、公认的质量分级标准。目前，红宝石和蓝宝石主要参照钻石 4C 标准，主要从颜色（Color）、净度（Clarity）、切工（Cutting）及克拉重量（Carat Weight）等方面进行质量评价。

第一节

红宝石和蓝宝石的颜色评价

颜色是彩色宝石给人最直观的视觉感受，也是决定其价值最重要的因素。因此，彩色宝石的颜色对其质量评价至关重要。

一、宝石颜色的描述方式

（一）类比法

宝石的颜色是一种人的视觉感受，很难描述，早期人们曾采用类比法，以自然界中熟悉的实物（如植物的花、叶、果等）的颜色来比拟宝石的颜色，如鸽血红、矢车菊蓝（图 8-1、图 8-2）等。如此通俗形象的描述，沿用至今。许多术语已成为珠宝市场上常用的描述性术语，甚至是某种特定颜色宝石的经典商业俗称。

图 8-1　矢车菊
（图片来源：北京植物园）

图 8-2　矢车菊蓝蓝宝石
（图片来源：Roland Schluessel，Pillar & Stone International）

（二）颜色三要素法

描述宝石颜色更为科学的方法，是按照颜色三要素，即色调、明度、饱和度进行描述。

1. 色调

色调也称色相，是指人眼能区分开来的颜色的种类，是颜色最基本的特征（图 8-3）。

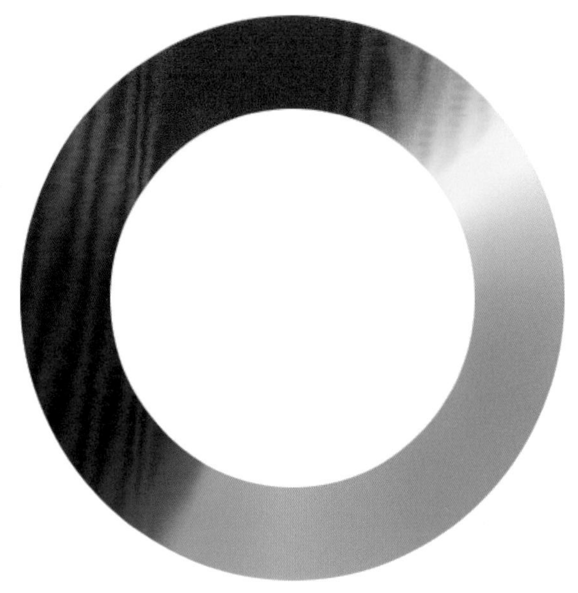

图 8-3　色相圈

宝石的色调可以是单色调，如红色、绿色、蓝色、紫色；也可以是混合色调（两种色调的过渡色），通常以主色调前面加次色调表示，如蓝绿色表示以绿色为主，即带有蓝色调的绿色。

2. 明度

明度也称亮度，是指颜色深浅或明暗的程度。明度越高越接近白色，明度越低越接近黑色。

3. 饱和度

饱和度是指颜色浓淡或鲜艳的程度。饱和度越高，颜色越浓、越鲜艳。

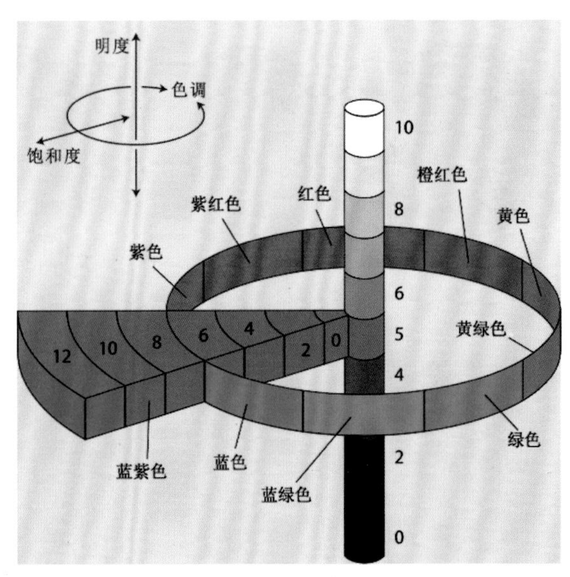

图 8-4　孟塞尔颜色体系示意图

孟赛尔颜色体系（图 8-4），是基于颜色三要素理论，用类似球体三维模型表示颜色的科学颜色表征体系。模型水平剖面上的各个方向，代表不同的色调；竖直方向，代表不同的明度，浅色靠近顶部，深色靠近底部；距中央轴的距离，代表饱和度的变化，越靠近外圈饱和度越高。

人眼看到的颜色既受人眼对颜色识别能力的影响，也受外部环境的影响。当光源的色温或光照强度变化时，同一宝石的颜色也会出现差异。因此在观察宝石时，应将其置于白色或浅灰色背景中，以避免背景色对所观察宝石颜色的干扰。

二、颜色的质量评价

对红宝石、蓝宝石颜色的评价，主要从色调、明度、饱和度和颜色的均匀度入手。优质的红宝石、蓝宝石应该：颜色纯正、鲜艳，明度适中，饱和度高，颜色分布均匀，无色带、色域等。

（一）红宝石的颜色评价

1. 色调、明度和饱和度的评价

红宝石的颜色以鲜艳浓重的正红色为主，可伴有橙色或紫色，色调为正红（图 8-5）、明度适中（图8-6）、饱和度高（图8-7）为最佳。佼佼者为饱和度高的正红色，称为鸽血红。

2. 颜色的均匀度

除了颜色本身的色调、明度和饱和度外，颜色的均匀度也是一个非常重要的评价因素。高质量的红宝石颜色应是均匀的。若台面上出现颜色不均匀（如色带、色域）的情况，将使红宝石整体价值大幅降低；若色带、色域仅出现在亭部或腰部，且台面不可见，则对价值影响不大。

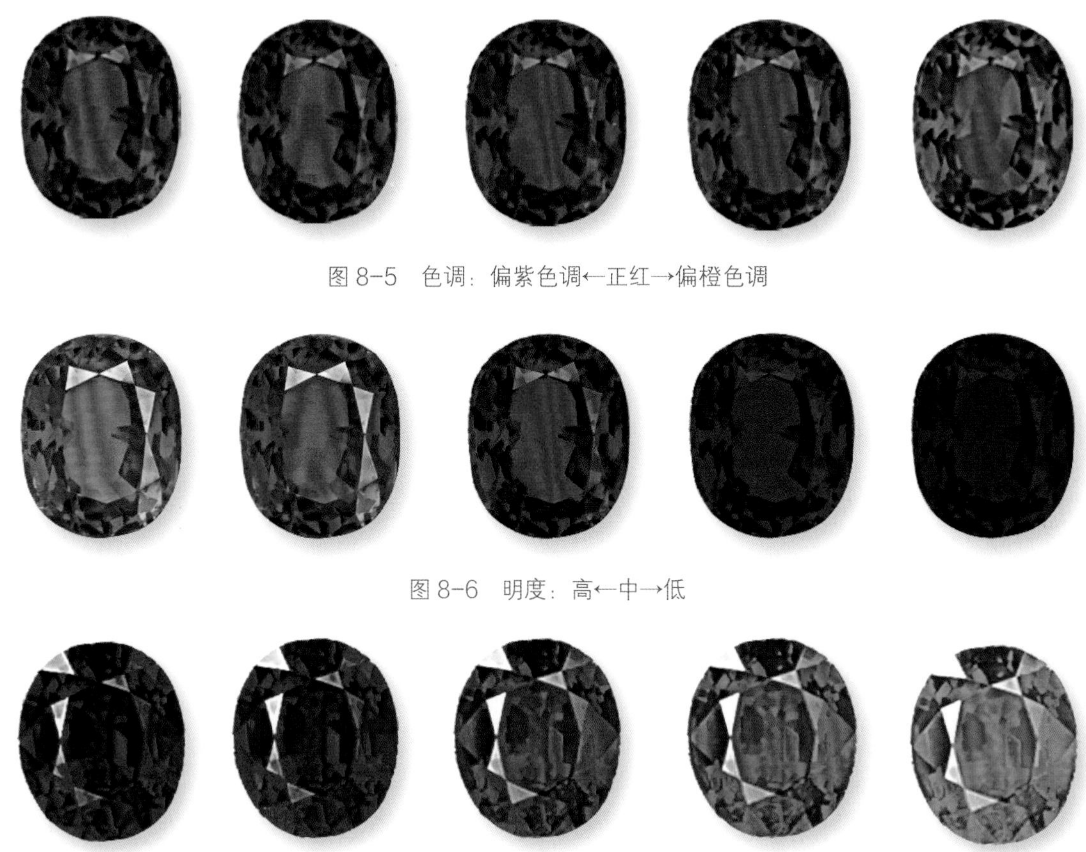

图 8-5　色调：偏紫色调←正红→偏橙色调

图 8-6　明度：高←中→低

图 8-7　饱和度：高→中→低

3. 排除光源造成的颜色错觉

评价红宝石（图 8-8）的颜色，要特别注意排除光源造成的颜色错觉。很多销售红宝石的卖家都采用暖色调的光源（具有黄色调的光源）照明，使得一些品质不太好的红宝石看上去也是那么诱人：颜色浅的红宝石显示出中等红色，深暗红色红宝石显示出浓艳红色；具有其他色调的红色会呈正红色。因此，要在日光灯或自然光下进行观察对比后再进行评价，排除暖色调光源对红宝石造成提高颜色级别的错觉。

图 8-8　产自泰国的红宝石
[图片来源：国际有色宝石协会（ICA）]

4. 关于鸽血红红宝石

鸽血红（Pigeon Blood）一词描述的是最好的红宝石颜色，所有见过鸽血红红宝石的人们都对其念念不忘。关于鸽血红颜色的界定，不同流派的学者各有各的看法。

14 世纪，阿拉伯博学家阿克法尼（Ibn al-Akfani，约 1286—1348）曾这样描述顶级的红宝石：“她的颜色就像石榴子或者银盘里的鲜血一般”；《红宝石与蓝宝石》（*Ruby & Sapphire*，1997）作者哈尔福德·沃特金斯（Halford-Watkins，完成手稿于 1934 年）认为，“鸽血红”是“没有任何蓝色色调的丰满深红色”；而宝石学家理查德·怀斯（Richard W. Wise）在他的《宝石贸易的秘密》（*Secrets of the Gem Trade*，2006）中将“鸽血红”描述为“在火炉中煮了几个小时的番茄酱”。1985 年，詹姆斯·纳尔逊（James B. Nelson）为了深入了解真实的鸽子血颜色，甚至对一份新鲜的鸽子血样本做了分光光度计测试。

图 8-9　鸽血红红宝石镶钻戒指

在现代色度学的测试中，纯正的红色，只有在较高的明度（约 80%）和较高的饱和度时，才能达到与鸽血相近的颜色。

一位缅甸珠宝商人说：“想要见到真正的‘鸽血红’就像想要见到上帝的脸一样”，可见鸽血红红宝石是多么的稀少和珍贵。

事实上，鸽血红红宝石现在更像是一种精神产物，人们追求顶级红宝石的脚步从未停歇，对于红色的喜好不断变化，但始终以“鸽血红”描述最好的红宝石（图 8-9、图 8-10）。

图 8-10　鸽血红红宝石镶钻戒指

（二）蓝宝石的颜色评价

1. 色调、明度和饱和度的评价

蓝色蓝宝石可带有绿色调或紫色调，一颗优质蓝宝石应为纯正的蓝色或略带紫色调的蓝色（图 8-11），并具有中等明度（图 8-12）及高饱和度（图 8-13）。一般而言，带紫色调的蓝宝石，略优于带绿色调的蓝宝石；颜色稍浅的蓝宝石，略优于黑蓝色的蓝宝石。

其他颜色蓝宝石的颜色评价可参考蓝色蓝宝石的颜色评价进行。

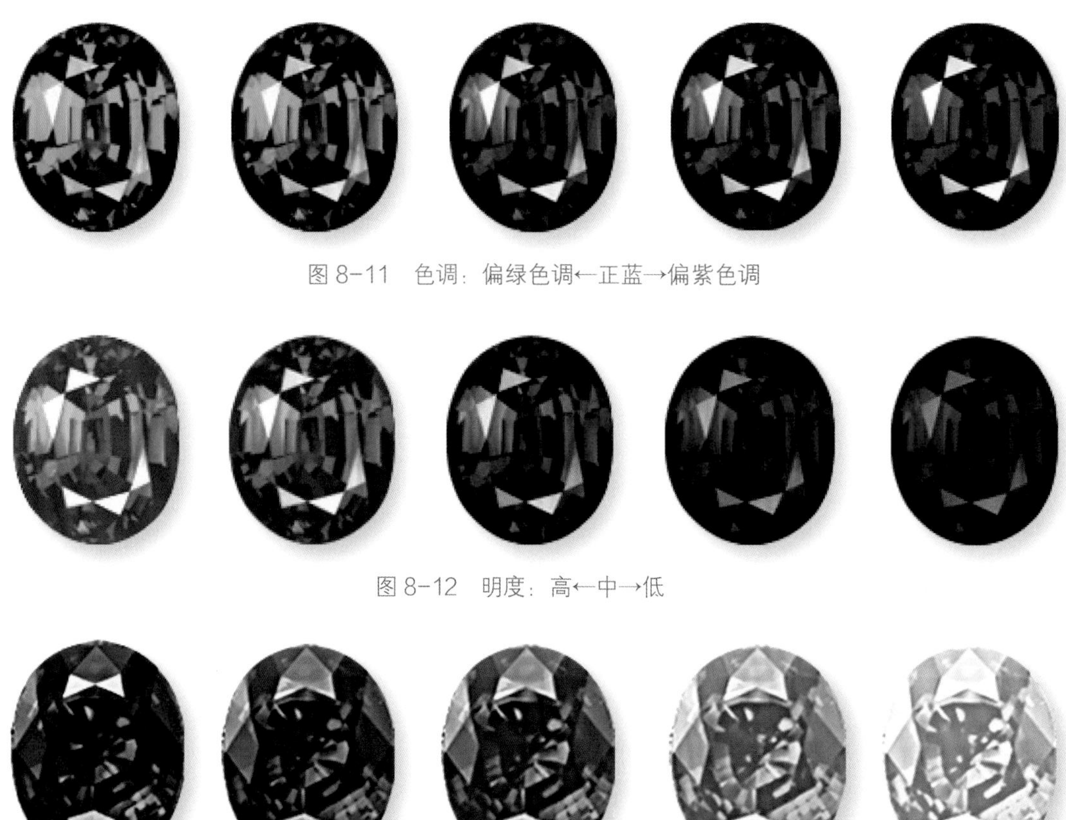
图 8-11　色调：偏绿色调←正蓝→偏紫色调

图 8-12　明度：高←中→低

图 8-13　饱和度：高→中→低

2. 颜色的均匀度

与红宝石相比，蓝宝石中的色带发育更为明显。很多蓝宝石从台面正上方观察时，都能看到不同程度的色带。色带或轻微（图 8-14）或明显（图 8-15），有平直的、120°

图 8-14 蓝宝石台面可见不明显的平直色带
［图片来源：国际有色宝石协会（ICA）］

图 8-15 蓝宝石台面可见明显的平直色带
［图片来源：国际有色宝石协会（ICA）］

图 8-16 台面可见明显色域的蓝宝石
［图片来源：国际有色宝石协会（ICA）］

夹角折线形的、正六边形的；等等。有些色带上交替有不同色调的蓝色，有些是蓝色与白色交替。若色带、色域在台面上可见，对宝石质量影响较大。若色带、色域（图 8-16）仅出现在腰部或亭部，并且在正常距离从台面观察无明显的颜色不均匀，则对其价值影响较小。

3. 多色性的明显程度

颜色鲜艳的蓝宝石多色性很明显，观察时应注意前后、左右晃动宝石，从台面上观察晃动时颜色的变化，以蓝色变化小者为佳。

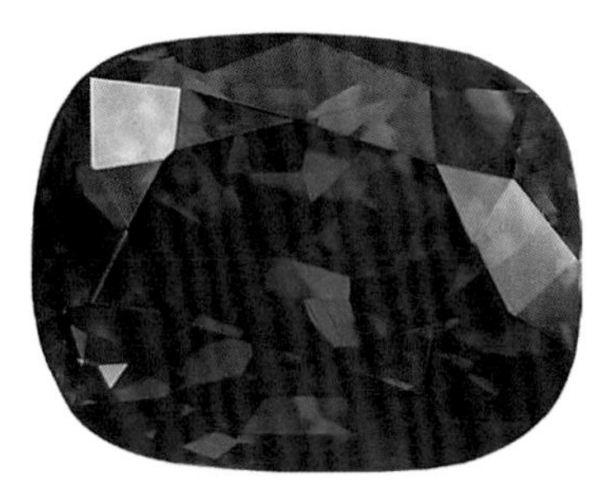

图 8-17 矢车菊蓝蓝宝石
（图片来源：Roland Schluessel，Pillar & Stone International）

4. 关于两个特殊的高品质蓝宝石品种

（1）矢车菊蓝蓝宝石

矢车菊蓝（Cornflower Blue）因近似矢车菊花瓣的颜色得名，是一种略带紫色调的蓝色。产自克什米尔地区的高品质矢车菊蓝蓝宝石，具有如同天鹅绒般的质感，外观朦胧而柔和，一直是蓝宝石中的极品。由于克什米尔地区现已停止开采，目前市场上产于该地的矢车菊蓝蓝宝石非常稀少，价格昂贵。现如今，斯里兰卡等地也发现了达到矢车菊蓝颜色的蓝宝石（图 8-17）。

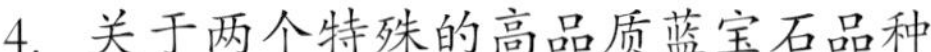

图 8-18 皇家蓝蓝宝石
（图片来源：Roland Schluessel，Pillar & Stone International）

（2）皇家蓝蓝宝石

皇家蓝（Royal Blue）蓝宝石（图 8-18）的颜色为鲜艳浓郁、均匀的蓝色，略带紫色调，浓郁深沉，富有高贵典雅的气质。缅甸抹谷因出产这种颜色的蓝宝石而

闻名。此外，斯里兰卡、马达加斯加等地也有皇家蓝蓝宝石出产。

5. 其他颜色蓝宝石的颜色评价

除蓝色蓝宝石外，蓝宝石还有很多其他颜色，如粉色、黄色（图 8-19）、绿色以及著名的帕德玛（也称帕帕拉恰）粉橙色等。彩色蓝宝石以色调纯正、不偏色、颜色浓度（彩度）高折为佳。若颜色过浅，则会在较强的光源照明下呈更淡的颜色。

图 8-19　垫形黄色蓝宝石镶钻戒指

（三）红宝石、蓝宝石的内反射光亮和内反射色的重要性

在红宝石、蓝宝石实际交易中，除考虑以上因素外，还要重点从台面上方精准观察红宝石、蓝宝石的内反射光亮及内反射色。观察时需要前后、左右晃动宝石，注意从亭部全反射（内反射）出来的光芒和颜色的情况，光亮越大，颜色越鲜艳越均匀，视觉效果越好，价值越高（图 8-20、图 8-21）；否则，即使宝石本身颜色再好，而内反射光彩弱，价值仍然会受到很大的影响。

图 8-20　内反射色强的红宝石镶钻戒指

图 8-21　产自克什米尔的优质蓝宝石
［图片来源：国际有色宝石协会（ICA）］

第二节

红宝石和蓝宝石的净度评价

天然红宝石和蓝宝石包裹体相对较多，其净度通常是分级人员通过肉眼进行分级的。

一、内部包裹体对净度的影响

包裹体是影响宝石整体均一性的所有特征。根据其存在形式，可将包裹体分为物质型包裹体和非物质型包裹体。物质型包裹体包括固态包裹体、液相包裹体和气相包裹体。非物质型包裹体包括色带、色团、双晶纹、解理纹、裂隙、重影等。

内部包裹体对宝石净度的影响，主要由包裹体的大小、数量、对比度和位置决定。

大小和数量：包裹体越大，数量越多，对净度的影响越大。

对比度：包裹体与宝石主体的颜色、折射率等反差较大时，更容易被发现，对净度影响较大。

位置：若包裹体位于台面，肉眼明显可见，对净度的影响较大；若包裹体位于腰部边缘，则不易被发现，对净度的影响较小。

一般来说，肉眼不易察觉的包裹体，对宝石的价值影响不大；而较大、数量较多且明显的包裹体，会降低宝石的透明度，对宝石的价值影响很大；延伸至宝石表面的较大裂隙会影响宝石的耐久性，严重影响宝石的价值。

二、外部特征对净度的影响

图 8-22　红宝石腰部缺口

外部特征对宝石净度的影响，一般小于内部包裹体，大多数不严重的外部缺陷可以通过重新磨制、抛光消除，或者通过首饰设计、镶嵌遮挡等方法使其不易被观察到。

缺口（图 8-22）：一般出现在腰部，通过镶嵌可以有效遮挡。

划痕：划痕多由人为操作不当引起。划痕若在台面上，则对净度影响很大；划痕若在腰部或亭部，则影响较小。

抛光纹：多数抛光纹能够通过再次抛光消除，只有大面积的抛光纹才会对净度和透明度造成影响。

三、净度的质量评价

红宝石和蓝宝石的净度评价与钻石类似，根据内外部的洁净程度，可分为不同等级（图 8-23）。宝石晶体从结晶生长到被携带至地表都经历了漫长的、多期次的地质作用，从而留下了独特的印记（特征），只有少数红宝石和蓝宝石能够保持内外部相对洁净。所以，宝石越洁净，质量越高，产出越稀少，价值越高。

彩色宝石的净度按照自然属性可分为 3 种类型：

Ⅰ型：几乎没有或没有包裹体的宝石，如海蓝宝石、水晶、绿色碧玺等；

Ⅱ型：具有正常数量包裹体的宝石，如红宝石、蓝宝石、尖晶石等；

Ⅲ型：通常含有大量包裹体的宝石，如祖母绿、红碧玺等。

红宝石与蓝宝石属于有正常数量包裹体的宝石，通常情况下，蓝宝石的净度比红宝石稍好。

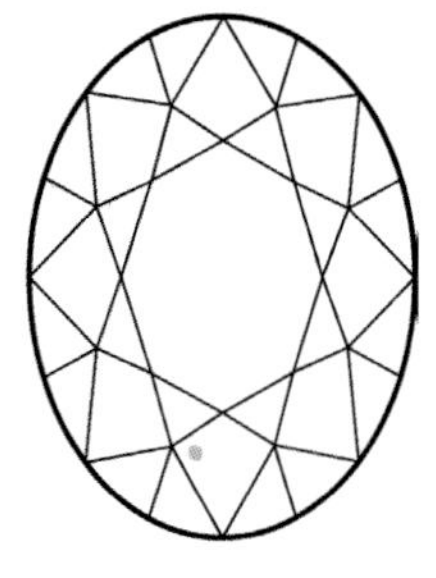
一级（极难见）

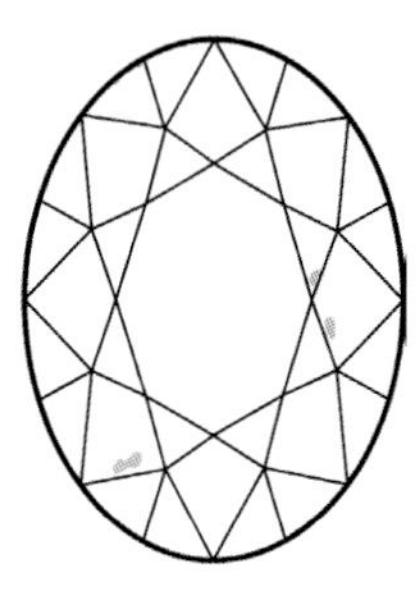
二级（难见）

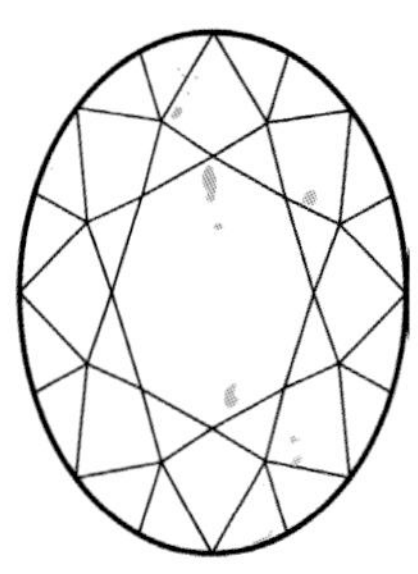
三级（可见）

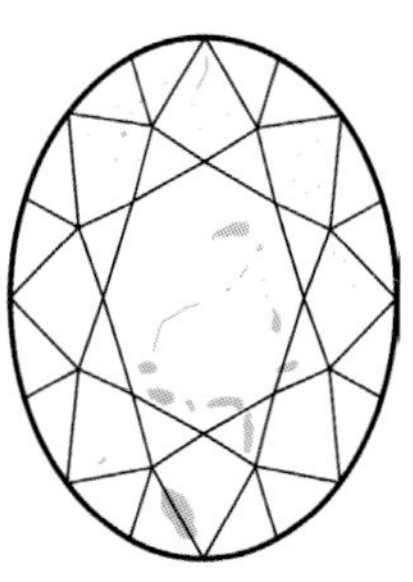
四级（易见）

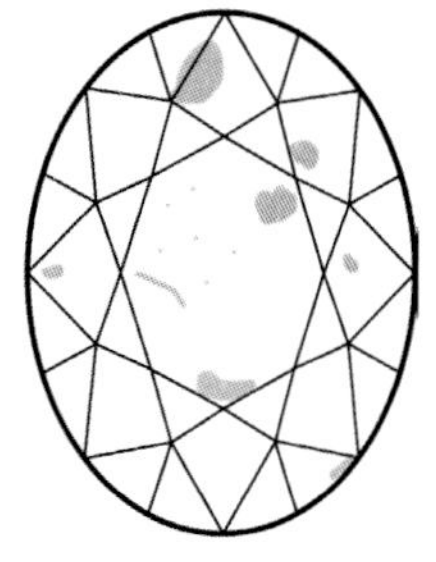
五级（极易见）

图 8-23　红宝石、蓝宝石净度等级示意图

四、红宝石和蓝宝石的净度分级观察

将宝石放在白色宝石托盘上，用镊子（如果宝石颗粒足够大可用手指）固定，分别从台面、底部、腰部侧面这几个方向进行肉眼观察。同时缓慢转动宝石，主要观察内部的包裹体、裂纹、生长纹的明显程度及其对视觉美的影响以及外部的划痕、破损等的明显程度。

天然红宝石中通常都有比较多的包裹体，净度要求要比蓝宝石放的宽些，只有极少的红宝石内部非常洁净，价格不菲。所以，对红宝石净度的要求不能太苛刻，从宝石台面观察如包裹体、杂质、色斑等不明显，比较干净就可以接受。与红宝石相比，蓝宝石内部大多相对洁净，对其净度分级评价主要参考红宝石的要求，以肉眼不见包裹体或杂质者为佳。

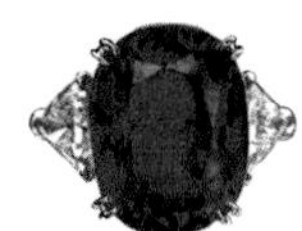

第三节

红宝石和蓝宝石的切工评价

宝石的美丽不仅是浑然天成，还需要经过巧工切磨，因而切工的优劣是影响宝石价值的另一个评价因素。

常见的刻面宝石琢型如图 8-24。

一、红宝石和蓝宝石的主要琢型

根据原石状况和市场需求，红宝石和蓝宝石通常被切磨成为刻面型和弧面型两大类。另外，也有随形或雕刻形，但市场上较为少见。

（一）刻面型

刻面型又称棱面型、翻光面型或小面型。其特点是宝石戒面由许多具几何形状的小平面组成，构成规则的立体几何形状。

市场上，红宝石和蓝宝石最常见的琢型是椭圆形混合式切工（图 8-25、图 8-26、图 8-35）——冠部为明亮型，亭部为阶梯型。这种琢型方式的优点是，阶梯型的亭部刻面能够突显宝石鲜艳的色彩，而冠部的设计又能最大限度地增加其明亮度，同时还能提高原石的利用率。

图 8-24 常见刻面宝石琢型

正视图

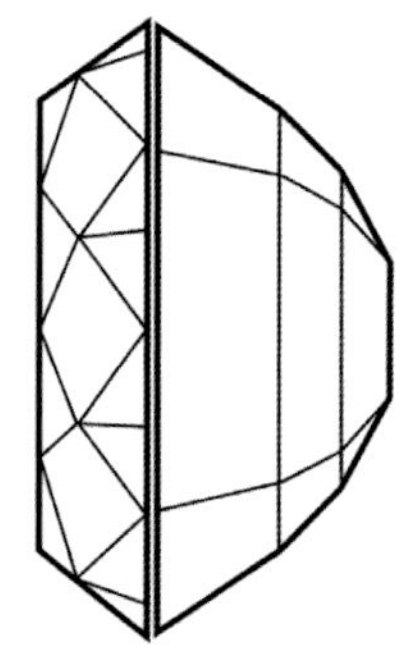
侧视图

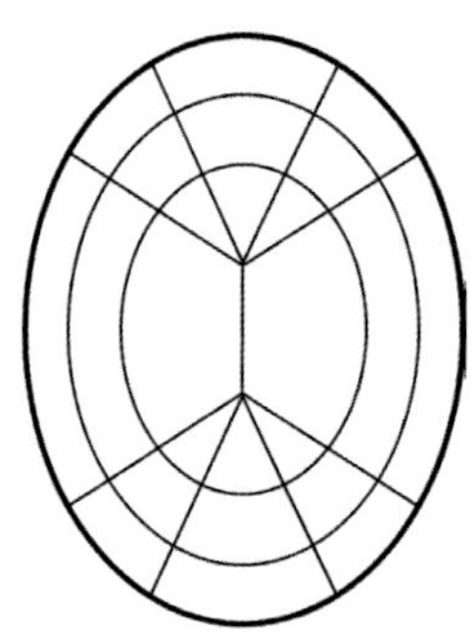
底视图

图 8-25 椭圆形混合式切工

图 8-26 椭圆形混合琢型蓝宝石镶钻项坠

图 8-27 祖母绿琢型蓝宝石镶钻戒指

图 8-28 垫形混合琢型蓝宝石镶钻戒指

其他常见切磨方式（图 8-27 ~ 图 8-34）还有椭圆形明亮型、圆形明亮型、祖母绿型及垫型等。

（二）弧面型

弧面型（图 8-36、图 8-37），又称素面型或凸面型，其特点是宝石至少有一个弯曲面。将宝石加工成为弧面型，主要原因如下。

图 8-29 马眼形蓝宝石镶钻项坠

图 8-30 水滴形明亮型红宝石镶钻项坠

图 8-31　心形明亮型红宝石镶钻戒指

图 8-32　垫型蓝宝石镶钻戒指

图 8-33　三角形混合琢型的粉色蓝宝石

图 8-34　祖母绿琢型的黄色蓝宝石

图 8-35　椭圆形混合琢型的橙色蓝宝石

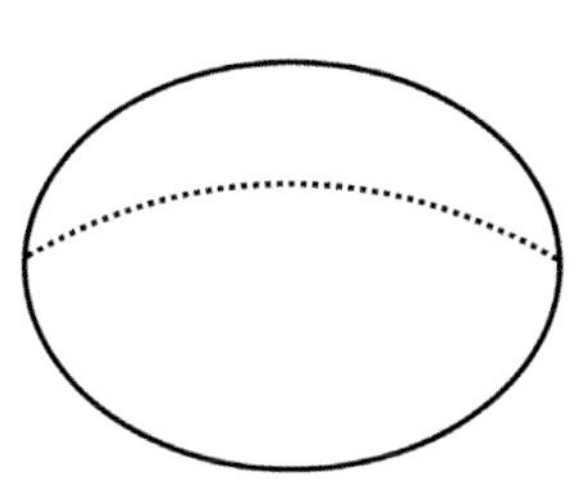

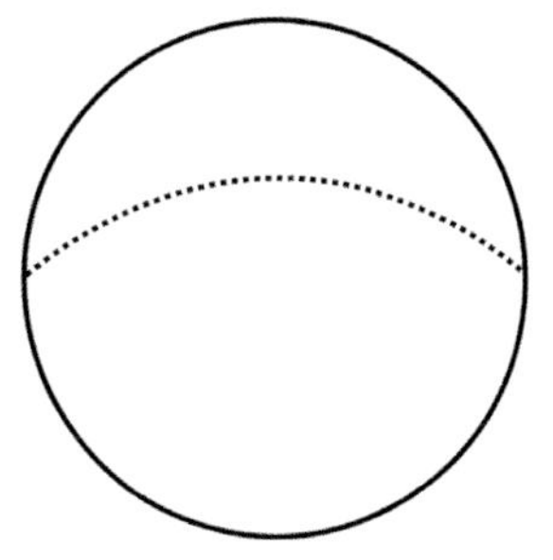

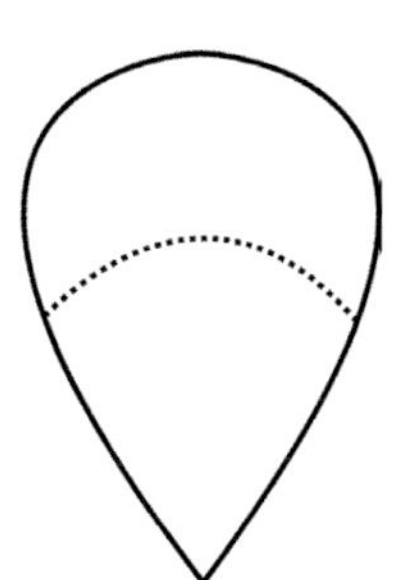

顶部图

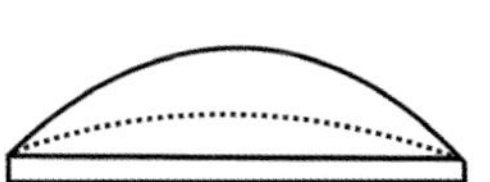

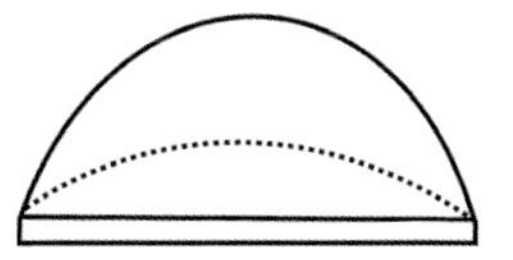

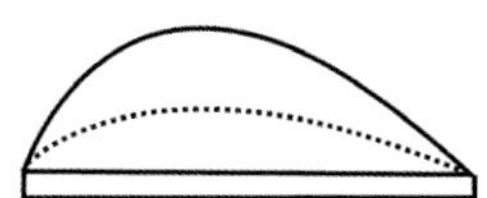

侧视图

图 8-36　弧面型切工示意图

图 8-37　弧面型红宝石镶钻手镯

1. 显示星光效应和猫眼效应

红宝石和蓝宝石可以具有星光效应，罕见猫眼效应。这些特殊光学效应需要宝石内部含有几组或一组平行底面方向的纤维状——针状包裹体，因此宝石必须具有一个高高突起的凸面。对于星光效应（图 8-38），切磨定位方向是使底面平行于各组包裹体排列面的方向；对于猫眼效应，可适当加大凸面型厚度，使凸面曲率增大，以便反射光集中在一个窄带内，形成清晰明亮、活灵活现的猫眼光带。

图 8-38　星光蓝宝石

2. 突显宝石色彩，避免宝石受损

不具有特殊光学效应的宝石通常也被加工为弧面型（图 8-39、图 8-40），在一定程度上可以掩盖其内部瑕疵，集中显示宝石浓艳迷人的色彩。另外，加工成为弧面型的宝石能分散所受的外力作用，避免应力集中而破损，对宝石起到保护作用。

图 8-39　弧面型红宝石镶钻项坠

二、切工评价

与钻石切工分级相似，彩色宝石的切工评价主要从比例、对称性和抛光三方面进行。但彩色宝石的切工设计是以保证其颜色达到最佳显示效果为首要目的，其次才是获得最大的亮度。

（一）比例

对刻面型宝石来说，比例是一项相当重要的参数，会影响宝石整体的亮度、颜色和火彩。采用合适的比例，可以达到：①加深或减轻宝石整体颜色；②提高宝石整体亮度。不同品种宝石合适的比例是由颜色浓度和折射率来决定的，最

图 8-40　弧面型蓝宝石镶钻戒指

终目的是使宝石的颜色和亮度达到最佳平衡效果。

比例主要包括琢型的台面大小、冠高比、亭深比和长宽比。

1. 台面大小

台面大小是台面占整个腰围大小的比例。台面大小与宝石的亮度和火彩有关，对于红宝石和蓝宝石，由于色散值比较低，难以出火彩，故通常台面比较大，以展示较高的亮度。

2. 冠高比

冠高比是冠部高度与腰围平均直径之比。

3. 亭深比

亭深比是亭部深度与腰围平均直径之比。

对于普遍颜色较深的泰国红宝石，亭深通常设计得比较小，以适当提高颜色的明亮度；对于普遍颜色较浅的斯里兰卡蓝宝石，则会保持较大的亭深比，以提高颜色的饱和度。

同时，亭深比对颜色也至关重要，如图 8-41（b），展示了蓝宝石最佳切磨比例的效果，即从台面入射的光经亭部两次全反射，又从台面内反射出来，显示最适宜的颜色和亮度，如图 8-41（b）。蓝宝石亭深过浅，光直接从亭部折射出去，无法形成内反射，造成漏光，在视觉上形成“窗口”现象，导致宝石中部的颜色无法显现。如图 8-41（c），蓝宝石切割过深，光经第一次全反射，直接从亭部另一侧折射出去而发生侧漏光，没有形成完整的内反射，造成从台面观察可见暗色区域，形成“蝶影”现象，致使宝石颜色看上去较深、亮度也较暗。

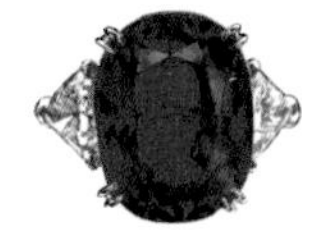

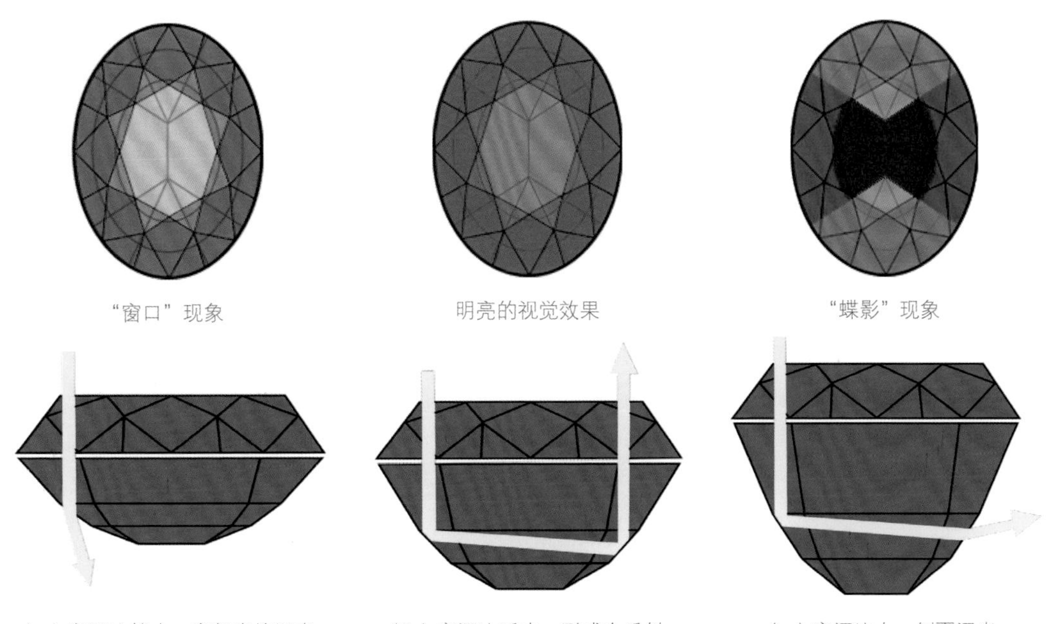

图 8-41　亭深比对宝石亮度的影响

4. 长宽比

长宽比主要以整体视觉效果舒适为宜（图 8-42），长宽比过大或过小都不受欢迎（表 8-1）。

表8-1　红宝石和蓝宝石常见琢型的长宽比

琢　型	适宜比例	图　示				
椭圆形明亮型	1.33~1.66	1.20	1.40	1.50	1.75	2.00
祖母绿型	1.50~1.75	1.10	1.20	1.40	1.60	1.80
垫　型	1.28~1.45	1.10	1.20	1.30	1.40	1.50
心形明亮型	0.88~1.11	0.80	0.90	1.00	1.10	1.20
水滴形明亮型	1.60~1.65	1.20	1.40	1.60	1.75	2.00

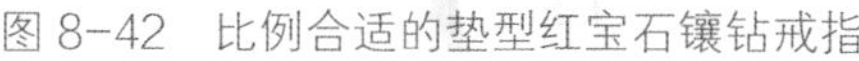

图 8-42 比例合适的垫型红宝石镶钻戒指

图 8-43 抛光精良的红宝石呈亮丽的红色

（二）对称性

对于刻面宝石来说，刻面的表面特征、形状和位置对评价切工都很重要，冠部刻面尤其如此。判断对称性的依据包括外形轮廓是否对称、底尖是否偏心、台面是否倾斜、刻面排列是否整齐、是否有额外刻面等。若肉眼很难找到上述不对称现象时，可称对称性好，具体可参照钻石的对称性评价标准。对追求某种艺术价值或艺术创造性而专门设计的异形琢型宝石进行评价时，可以不采用上述依据。

（三）抛光质量

抛光质量直接影响宝石的亮度（图 8-43）。如若抛光差，在表面形成抛光痕、烧痕、划痕等都会影响宝石的亮度和光泽，严重者还影响宝石的净度和颜色，降低宝石的价值。

（四）切工观察

从冠部正面以及亭部正面观察宝石是否对称、比例是否合适、台面是否居中、底尖是否偏离、各刻面大小是否均匀、是否有刻面多余或缺失；从侧面观察宝石的亭深比是否合适，如若亭深比过大则会对镶嵌造成一定的影响，重量也偏大；还需将宝石全方位转动，观察宝石表面是否有抛光不良的刻面等。

图 8-44　蓝宝石镶钻项链和蓝宝石镶钻戒指

第四节

红宝石和蓝宝石的克拉重量

颜色、净度和切工相当的红宝石和蓝宝石，克拉重量越大，价值越高，有时其克拉溢价比钻石还要明显。

受地质形成条件的影响，大多数红宝石晶体原料比较小，多数红宝石戒面只有 1 ~ 2 克拉。而且，红宝石比较容易有较多的包裹体和裂隙，3 克拉以上的优质红宝石戒面就已经非常稀少。蓝宝石中的包裹体和裂隙相对少于红宝石，在珠宝市场上可以见到 3 克拉以上的优质蓝宝石，有时可以见到 10 克拉以上的、纯正蓝色的、高净度的蓝宝石。然而，相对于其他宝石品种而言，优质的红宝石和蓝宝石还是要稀少得多。所以，大克拉的红宝石和蓝宝石价值高并极具收藏价值（图 8-44）。

第五节

红宝石和蓝宝石镶嵌首饰评价

选购红宝石或蓝宝石首饰时，应首先采用挑选红蓝宝石裸石的方法观察宝石，然后分 3 个步骤，即从首饰工艺的整体质量、首饰结构、宝石的镶嵌工艺对镶嵌首饰进行评价。

镶嵌首饰时应就宝石的情况——颜色和包裹体选择合适的镶嵌方式，尽可能最大限度地提升宝石颜色并掩盖包裹体，相对而言挑选标准应该比挑选裸石的要求低一些，应把精力集中在首饰的佩戴效果上。

挑选首饰时，应多试戴几个相似但款式不同的首饰，并征求专业销售人员和朋友的意见。挑选时，应注意宝石镶嵌得是否牢固、有没有镶爪翘起或断裂的情况、配石有没有脱落；贵金属抛光是否良好、有没有过多磨损。

一、红宝石和蓝宝石镶嵌首饰工艺的整体质量评价

镶嵌首饰工艺质量的整体评价，首先从观察首饰的基本结构开始。采用何种图案作为基本结构往往与镶嵌宝石的形状、大小、颜色、品质紧密相关。基本结构要呼应宝石，突出宝石的特点。镶嵌首饰如果是图案特色明显的，其主体图案应形象自然、布局合理、主题突出、造型美观。

其次，观察组成首饰的不同部分，注意各部分的连接是否恰当，每部分表达的蕴意是否准确，要求整体上搭配合理、层次分明、立体感强。

最后，观察镶嵌首饰的贵金属部分。基本要求是，颜色一致、色泽均匀、表面光滑、无明显划痕，正面无肉眼可见的砂眼。另外，贵金属的印记要准确、清晰且位置适当。

二、红宝石和蓝宝石镶嵌首饰的结构评价

常见的红宝石和蓝宝石镶嵌首饰，从结构上可大致分为手镯、链、吊坠、戒指、耳饰、链牌和胸针七类。

（一）手镯类

考虑到任何手镯（图8-45）都有连接、开合等金属结构，评价应包括开关及保险扣开合是否正常、臼位是否活动灵活且无松动摇摆、压舌大小长度是否合适且弹性良好。整体上，手镯无扭曲变形或塌陷。

图8-45　蓝宝石镶钻手镯

（二）链类

根据佩戴需求的不同，链（图8-46）有长有短，但都有连接、开合等金属结构。评价应包括开关性能是否良好、链条头尾圈搭配是否恰当、链节之间的连接是否顺畅、相同链节的相间距离是否一致。整体上，链身应平整、柔顺、无扭曲，且活动自如。

图8-46　红宝石镶钻手链

（三）吊坠类

结合吊坠（图8-47）的结构特点和佩戴特点，吊坠的评价可分为两个部分，即结构

上重点观察，挂扣等穿链的空间大小是否合适，是否便于搭配链条；活动位置是否灵活、牢固，不易脱落。佩戴方面可重点观察，吊坠重心是否有偏移、吊坠是否易反转或起翘。

图 8-47 蓝宝石镶钻项坠

（四）戒指类

戒指（图 8-48）的需求量较大，结构方式大多相似，但近年也常见一些特殊的设计。无论是哪种结构方式的戒指，评价应主要看戒圈薄厚是否适中、内圈是否光滑、佩戴是否舒适、活口形戒指的接口是否顺滑且无明显缝隙。另外，要求焊接无错位、焊缝不明显。对于特殊设计的戒指，还要格外注意所用特殊结构的工艺是否达到要求。

图 8-48 红宝石镶钻戒指

（五）耳饰类

耳饰（图 8-49）的评价可分为 3 个步骤：第一，坠的部分可参照吊坠类坠的要求。第二，吊挂的位置要求稳固，活动自如，耳针要求位置恰当、粗细合适、针尖光滑且略钝，耳迫（又称耳堵，是耳钉上用于固定耳钉的配件）要求松紧合适、活动性好、牢固性好。第三，观察左右耳饰的对称性，对称设计的要求对称性良好，不对称设计的要求左右呼应。

（六）链牌类

链牌（图 8-50）是链与牌连接为一体的镶嵌首饰。除参照链类和吊坠类的评价要求外，主要观察链牌两边的连接圈形状是否正、圆，链扣与链身大小搭配是否协调，链牌重

图 8-49 红宝石镶钻耳饰

图 8-50　红宝石镶钻项链

心是否合理，佩戴是否自然贴合身体。

（七）胸针类

胸针（图 8-51）是充分体现宝石美、设计特色和佩戴效果的一类镶嵌首饰。无论何种设计、何种工艺制作，胸针的评价主要是观察插针的针杆是否具有一定的硬度，不易弯曲；别针的针杆是否具有适当的韧性和弹性；重心是否合理，佩戴是否贴合自然。

三、红宝石和蓝宝石镶嵌首饰的镶嵌工艺评价

首饰镶嵌工艺是首饰制作工艺的一个重要环节。镶嵌工艺直接影响首饰成品的质量。

据称，珠宝首饰的镶嵌方法有二三十种之多，但常用的镶嵌方法主要有爪镶法、钉镶法、包镶法、夹镶法、闷镶法等。无论使用何种镶嵌方法，所镶宝石都应端正，主石、副石均不松动，无掉石现象。镶嵌首饰的金属托架应无走样变形，表面无划伤、敲伤、击伤，更不能出现裂纹、断口等。

图 8-51　红宝石、翡翠、钻石胸针

（一）爪镶

爪镶（图 8-52）是一种能很好地突出宝石的镶嵌方式，可让光线更多地透入宝石，使其光彩夺目。评价爪镶优劣的因素应包括：镶爪高低及分布是否合理对称，镶爪的大小、长度是否与宝石相称，爪镶边缘是否平整。对于具有尖锐亭部的宝石，镶嵌后亭尖不能露出托架。

图 8-52　红宝石镶钻戒指（红宝石为爪镶）

（二）钉镶

钉镶（图 8-53）将宝石排列得规则有序，使首饰显得精细别致。评价钉镶应包括：钉镶的宝石是否处于同一高度且保持水平，宝石腰棱是否叠覆，若宝石之间有间隙是否相等。

图 8-53　红宝石镶钻手镯（红宝石为钉镶）

（三）夹镶

夹镶（图 8-54）使设计的线条流畅、优美，给人以高贵、华丽之感。评价夹镶应包括：槽边是否平直、宝石在槽中是否均匀分布、宝石是否处于同一高度且其分布与底座轮廓线一致、宝石腰棱是否叠覆。

（四）包镶

包镶（图 8-55）是一种非常牢固的镶嵌方式，体现出大方、稳重、端庄的美感。评价包镶应包括：镶嵌宝石的沟缘是否均匀且平整，包边是否均匀且所镶宝石和包边之间无空隙。对于有尖锐亭部的宝石，镶嵌后亭尖不能露出托架。

图 8-54　蓝宝石镶钻戒指
（侧方的配镶蓝宝石为夹镶）

图 8-55　星光蓝宝石镶钻戒指
（星光蓝宝石为包镶）

第六节

影响红宝石和蓝宝石价值的其他因素

在评价红宝石或蓝宝石的品质时，除了需要综合考量颜色、净度、重量、切工四要素，还要考虑一些其他因素，例如稀少性、特殊光学效应、产地、历史文化出处以及市场需求。

一、宝石的稀少性与特殊光学效应

（一）稀少性

图 8-56　花形红宝石镶钻戒指

“物以稀为贵”，优质红宝石（图 8-56）和蓝宝石（图 8-57）在形成中遇到的不利条件非常多。红宝石和蓝宝石晶体生长发育过程时，除了有地幔的高温和高压条件，有地壳适宜的变质作用环境，有丰富的铝和氧物质供应以确保晶体能结晶成足够大的晶体之外，还需要长时间相对稳定的地质环境条件，以确保铝原子和氧原子能够充分结合在一起，氧以六方最紧密堆积形成刚玉晶体，并在晶体形成后不再遭受退变质或强烈的地质构造运动而毁坏。

同时，刚玉需要含有一定数量的铬元素

图 8-57　蓝宝石镶钻项坠

才能呈现美丽的红色。铬元素在地壳中的含量极少，而且铬元素进入刚玉晶格后，就会对刚玉晶体的生长产生抑制作用。所以，超过 10 克拉的红宝石晶体是非常罕见的。对蓝宝石来说，则需要比例合适的二价铁离子（Fe^{2+}）和四价钛离子（Ti^{4+}）才能呈现美丽的蓝色。铁离子或钛离子较少时宝石颜色很淡，甚至达到无色。铁含量过多时宝石颜色会过深而呈黑蓝色。所以，即使铁和钛是地壳中常见的元素，形成一颗颜色美丽的蓝宝石也是非常不易的。

天然宝石通常有瑕疵，品质越接近完美的宝石越稀少，价值也越高。除此之外，宝石具有的特殊结构或特殊光学效应等方面的稀少性，也会使宝石身价倍增。

（二）特殊光学效应

红宝石和蓝宝石都可具有星光效应，某些蓝宝石还可具有变色效应。与相同品质的正规品种相比，这些具有特殊光学效应的宝石在自然界中更为罕见。

1. 星光效应

具有平行排列针状包裹体的红宝石和蓝宝石，可具有星光效应（图 8-58）。产生完美的六射星光，需要有足够数量的三组以 60° 角相交且平行排列的包裹体，同时包裹体必须很细。然而，在自然界中，红宝石和蓝宝石中大多数的包裹体较粗，且透明度很低或颜色偏灰白，即便产生了星光效应，其效果不佳，价值也就不高。或者，由于针状包裹体含量很少，虽然颜色和透明度较好，但是星光效应不明显，价值也不是很高。所以，一颗优质的星光红宝石或蓝宝石必须在非常苛刻的环境中形成，即拥有适当数量、粗细合适的三组平行排列的丝状、针状包裹体，又具有很好的颜色和净度，才能产生明亮的星光，给人以美的享受。

图 8-58　星光蓝宝石镶钻戒指和星光蓝宝石镶钻项坠

评价星光红宝石和蓝宝石，除采用观

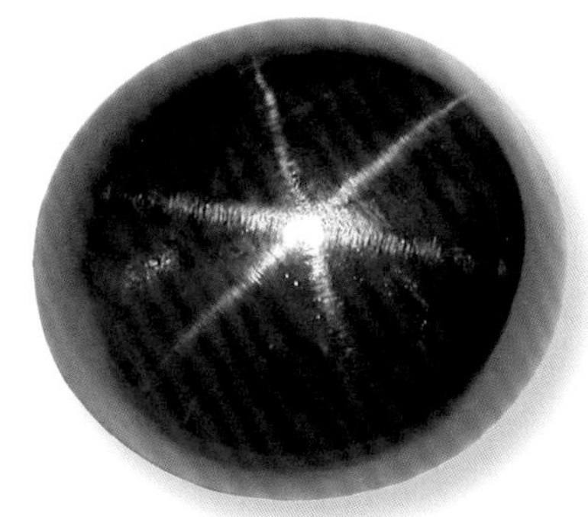

图 8-59　优质星光蓝宝石，星光居中，星线清晰、锐利、颜色上佳
［图片来源：国际有色宝石协会（ICA）］

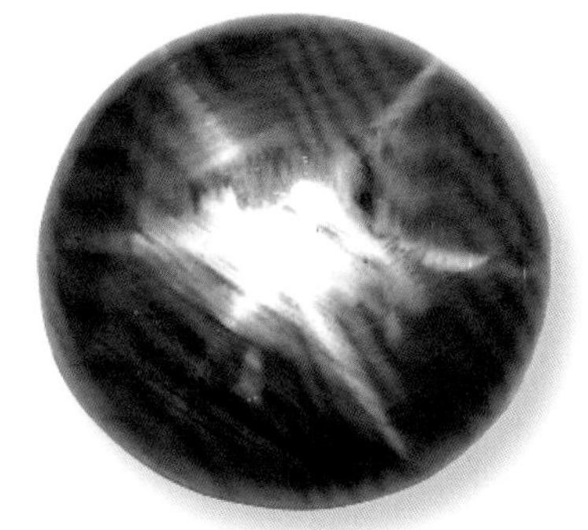

图 8-60　紫色星光蓝宝石，六边形色带比较明显，星光明显但不够完整
［图片来源：国际有色宝石协会（ICA）］

察刻面宝石的方法观察颜色、净度外，还需对其星光效应进行观察评价（图 8-59）。在尽可能排除其他光源的环境里，用点光源（如手电筒）从正上方照射星光宝石，观察其星线是否完整（图 8-60），星线交点是否在弧面中心，星线是否细而清晰。星光红宝石和星光蓝宝石的透明度几乎都不大好，只有极少数可以达到透明。为确保最大重量以及增强星光效应，星光宝石底部经常保持原有的天然状态，通常不经打磨，所以评价时以顶部弧面占宝石整体比例大者为优。

2. 变色效应

变色蓝宝石（图 8-61）在不同的光源条件下可以呈不同的颜色，如在日光下呈蓝色，在白炽灯下呈紫色，这也是自然界比较罕见的品种，它富有神秘而奇幻魅力的颜色变化，具有很高的收藏价值。

评价变色蓝宝石，还需评价其变色效果的优劣。观察时需用日光灯和白炽灯交替照射宝石，注意在两种光源下宝石变色的程度及变色后的颜色纯度，以颜色变化明显、颜色纯度高为佳。

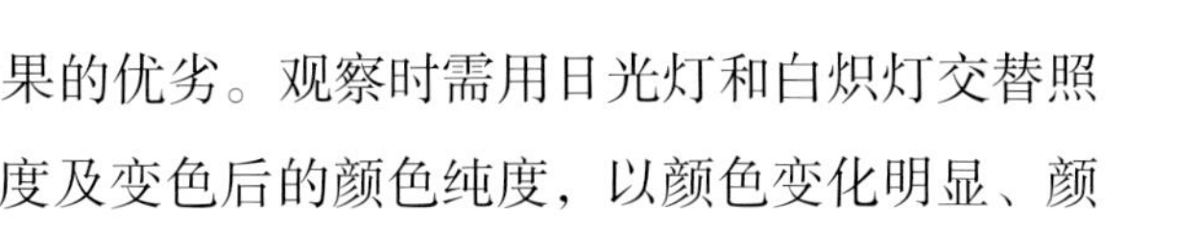

（a）变色蓝宝石日光下呈蓝色

（b）变色蓝宝石白炽灯下呈紫色

图 8-61　变色蓝宝石镶钻戒指

二、红宝石和蓝宝石的产地因素

在珠宝贸易中，产地对宝石的价值也有着不可忽视的影响。实际上，近年来世界各地发现了很多红宝石和蓝宝石矿床，很多矿床也能产出优质的宝石。但一些著名的产地，尤其是那些因盛产高品质宝石而著名的产地，其品牌效应为产出的宝石增加附加价值。如产自缅甸的红宝石和产自克什米尔的蓝宝石。这些著名产地因长期开采，产量越来越少，如克什米尔蓝宝石矿已在 20 世纪 80 年代停产，所以来自这一地区的蓝宝石比同品质其他产地的蓝宝石价格高。

事实上，宝石产地的鉴定非常困难，目前世界上只有少量鉴定机构，例如美国宝石学院（GIA）、瑞士古柏林宝石实验室（Gubelin）、瑞士宝石实验室（GRS）等可以出具宝石的产地鉴定报告，且能鉴定产地的前提是该宝石必须具有某些明显的产地特征（例如具有产地特征的内部包裹体、痕量元素等）（图 8-62 ~图 8-65），许多内部洁净或经过优化处理的宝石因缺失这些特征而无法确定其产地。

图 8-62　缅甸抹谷红宝石中具有产地意义的针状金红石包裹体

图 8-63　斯里兰卡红宝石中具有产地意义的流体包裹体

图 8-64　缅甸蓝宝石中具产地意义的褶曲状或撕裂状流体包裹体

图 8-65　澳大利亚蓝宝石中具产地意义的色带

三、宝石的历史文化出处

除最初的红宝石和蓝宝石产地外，宝石的出处也会增加其附加价值。例如，被皇室贵族、历史名人、明星拥有过，或经历过特殊的历史事件，这些都能够赋予某颗宝石独特的历史文化意义和无可替代的地位，大大提升宝石的价值。另外，一些古董珠宝因其年代久远而具有文化和科研价值。

（一）伊丽莎白·泰勒

著名影星伊丽莎白·泰勒一生酷爱收藏名贵珠宝。这条镶嵌 52.72 克拉蓝宝石的项链，是泰勒的丈夫 1972 年送给她的 40 岁生日礼物。泰勒对这条高贵、简约的项链十分喜爱，其后又购买了宝格丽 Trombino 蓝宝石戒指，配成一套（图 8-66）。2012 年，佳士得拍卖成交价分别为项链 5910000 美元、戒指 870000 美元。

图 8-66　伊丽莎白·泰勒佩戴蓝宝石项链和 Trombino 蓝宝石戒指

（二）温莎公爵

火烈鸟胸针（图 8-67）是温莎公爵私人藏品，1940 年由卡地亚公司制作，镶嵌有红宝石、蓝宝石、祖母绿和钻石。2010 年 11 月 3 日，在苏富比（伦敦）拍卖会上以 1721250 英镑成交。

图 8-67　火烈鸟胸针

四、市场需求

消费者对红宝石和蓝宝石的需求及商家对宝石的文化推广也是影响宝石价格的重要因素。需求量大而供给有限时，宝石价值随之上涨，甚至会在短时间内飙升。不同地区、不同时期，市场对宝石的需求都在变化，受经济环境、文化传统及流行趋势等多方面因素的共同影响。另外，公众名人也可以带动流行风尚，在一定程度上会影响红宝石和蓝宝石的市场需求（图 8-68）。

欧美国家，红宝石和蓝宝石常被作为订婚戒指。红宝石（图 8-69）代表对生活永恒的激情，蓝宝石（图 8-70）则象征对爱情的忠贞不渝。

图 8-68　英国戴安娜王妃尤其钟爱蓝宝石首饰，引领了蓝宝石首饰的流行风潮

图 8-69　红宝石情侣对戒

图 8-70　蓝宝石情侣对戒

第九章

Chapter 9

红宝石和蓝宝石的加工和市场

第一节

红宝石和蓝宝石的加工

宝石加工是人类长期积累起来的改造自然的技术。最早的宝石加工只是简单地将宝石晶体的晶面进行抛光。随着人们对美的不断追求、科学认知的加深和加工技术的快速进步，宝石工匠会根据具体情况将不同类型的原石加工成不同的琢型。对纯净、颜色优美的原石加工成刻面型，对不规则的、净度低的或有特殊光学效应的（如星光效应）原石加工成弧面型。

现如今，红宝石和蓝宝石最流行的刻面型切工是16世纪前后才发展起来的。这种切工能最大限度地展现它们的色泽和亮度（图9-1）。

泰国曼谷是世界红宝石和蓝宝石的加工中心。每年有大量的红宝石和蓝宝石原料进入泰国，在曼谷加工后销往全世界。泰国的红宝石和蓝宝石加工目前依然主要依靠手工，自动化、机械化程度较低。这主要是由当地劳动成本和红宝石、蓝宝石本身性质决定的。一方面，自动化加工设备昂贵，本地人工费用较低，且采取人工加工方式的宝石出成率高；另一方面，一个经验丰富的宝石工匠更能在加工中把握各种不可预期的情况并加以控制，人工加工更可靠。

图9-1　切磨好的蓝宝石
［图片来源：国际有色宝石协会（ICA）］

天然红宝石和蓝宝石晶体表面具有原生晶面及花纹，或在河流搬运作用和沉积作用下其表面被磨蚀形成粗糙的表皮，遮住了宝石原石的色彩和光泽，不能直接展现其美丽。只有经过工匠精心的设计和技艺精湛的琢磨，才能使其展现美丽动人色泽。有些特殊光学效应，如星光效应和猫眼效应，只有通过加工琢磨才能显现。

红宝石和蓝宝石的加工主要有 6 个步骤：选料、设计、开料、预形、琢磨以及抛光。

一、选料

为了保证出成率，需要在加工前根据原料（图 9-2）的颜色、可能的净度、形状和大小对原料进行分选。分选后（图 9-3）就可以选择最合适的加工方式对不同的原料进行加工。

分选大量原石时，多使用不同孔径的筛子，将原石按大小进行分选。粒径小的原石一般不再进行挑选，而粒径大的原石往往还要根据其颜色、可能的净度和形状进行再次分选。

图 9-2　待分选的蓝宝石原石

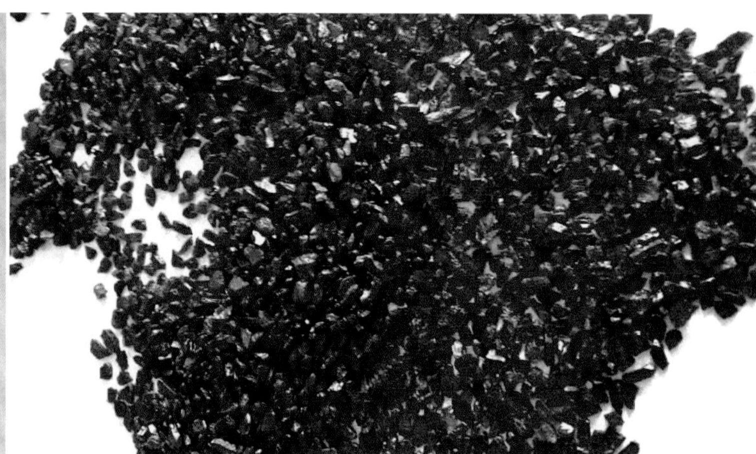

图 9-3　已经分选的红宝石原石

二、设计

在漫长的地质作用下，很多原石形状不规整，内部有包裹体以及裂隙，直接加工不能保证成品的形状和品质。所以，加工前，尤其是对于粒度比较人的原石，要精心设计切割加工方案（图 9-4）。

设计方案决定了最终加工出来的宝石的颜色、净度、形状和重量大小。所以，对一块原石，尤其是高品质的原石，往往需要几个有经验的工匠在一起观察、揣摩、讨论，最后制定出切磨方案。

（一）宝石切割设计的原则

1. 使切割后的原石尽可能避开裂隙

因为裂隙有可能在后续加工过程中进一步扩大或破裂，即便没有扩大或裂开，留在成品宝石中的裂隙也会极大地影响其价值。

图 9-4　工匠在切割前要仔细观察宝石原料，找准分割位置和方向

2. 使切割后的原石尽可能不含有包裹体

过多的包裹体会影响宝石的透明度和净度，切割原石要尽量使其不含或少含包裹体，使宝石内部尽可能地纯净。

3. 使切割后的原石从台面观察尽可能避免明显的色带和色斑

天然红蓝宝石极少有颜色均一的，通常颜色呈斑块状分布或具有明显色带。所以在设计时要保证台面的部分尽可能使色带不明显。对于一些产自斯里兰卡的浅色蓝宝石的蓝色色斑尽可能设置在亭部（图 9-5）或腰部（图 9-6）。磨制后光线经过宝石发生内部反射和折射，从台面观察时能使整颗宝石都呈美丽的颜色。

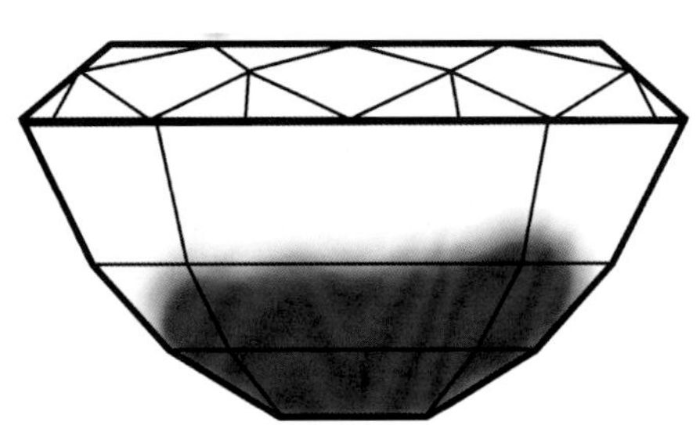
图 9-5　将色斑置于宝石亭部

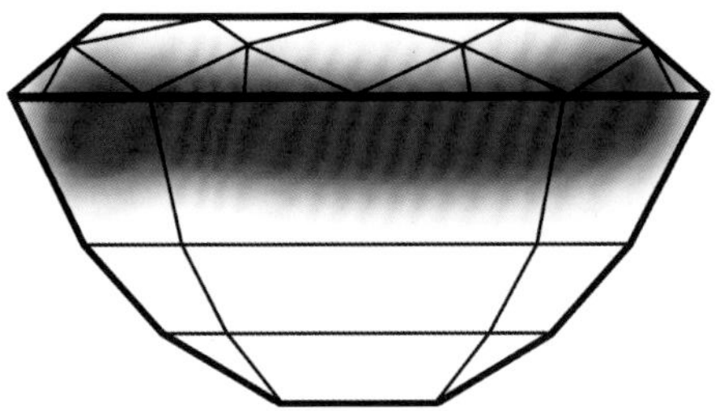
图 9-6　将色斑置于宝石腰部

4. 单颗宝石保重的原则

保重是最重要的原则。保重，即出成率最大化，原料的加工损耗最小，在符合其他原则的前提下，尽可能地加工出大颗粒的宝石。一颗原石若能切割成两大块，就决不切割成 3 小块或更多块，因为每颗宝石的克拉重量对其价值的影响是巨大的。

（二）宝石琢型设计的原则

琢型取决于宝石原石的形状、定向和比例。琢型设计的总体要求是使加工后的宝石成品能最大限度地展现其色彩和光泽。原石首先考虑琢磨成刻面宝石，若不能琢磨成刻面型的宝石，则琢磨成弧面型，并使其重量最大化，颜色最佳。琢型设计应遵循如下原则。

1. 确定宝石加工为刻面型还是弧面型

当原石净度较好时考虑加工为刻面型，宝石净度不佳则可以考虑加工为弧面型。有星光效应的原石只能考虑加工为弧面型。

2. 确定宝石定向

刻面型宝石要确定台面位置。红宝石和蓝宝石都具有很强的二色性，定向时需要注意颜色的色调与饱和度，同时尽量避免包裹体在台面上出现。

弧面宝石要确定腰围位置。对于具有星光效应的宝石，要找准特定的结晶学方向。琢磨星光宝石需要非常精准的定向（图 9-7），定向不准会导致星线交点不居中而影响价值。一般而言，产生星光的包裹体都是垂直于 c 轴的，所以预形时需要严格将宝石的腰围面垂直于 c 轴才能获得居中的星光。

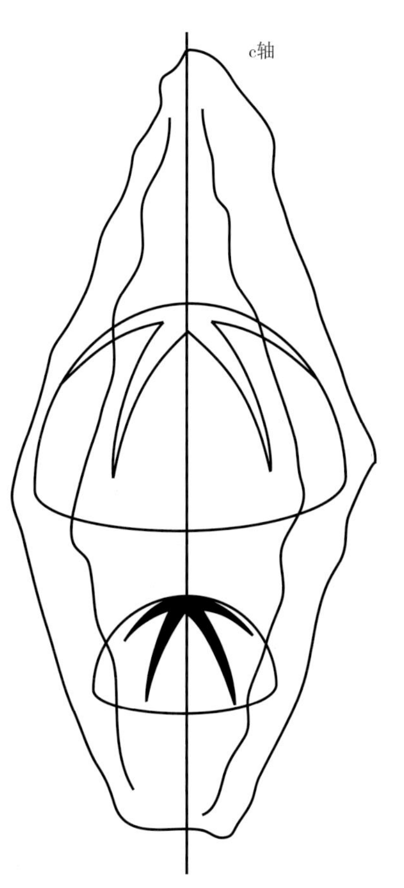

图 9-7　星光宝石预形时需要严格定向

3. 决定宝石的琢型

刻面宝石应就原石的形状、颜色、净度、克拉重量等方面综合考虑。垫形刻面型宝石的琢型既能保重又能充分显示红宝石和蓝宝石的颜色和火彩，所以红宝石和蓝宝石琢磨优先考虑垫形。有时某种琢型会比较流行，在设计时可优先考虑当时流行的琢型。

弧面宝石主要考虑颜色、特殊光学效应和克拉重量。为了使星光细窄明亮，通常适当加大宝石凸面的曲率。

三、开料

开料是指按照切割设计方案对块度较大、需要分割的原石进行分割（图 9-8）。

使用切割机和磨盘将原石初步修整出大致的形状，去掉包裹体、裂隙等不需要的部分和形状不规整的部分，修整出大致的腰围形状，将要磨成亭部的部分修整成倒锥体，以便预形和后续加工。

图 9-8　分割蓝宝石原石

四、预形

预形是加工过程中一个重要的环节。预形时，需要先将原石磨出倒锥体的部分粘在杆上（图 9-9），然后使用旋转的磨盘磨出宝石腰围的形状和冠部的大致形状（图 9-10）。

图 9-9　采用虫胶将宝石粘在杆上

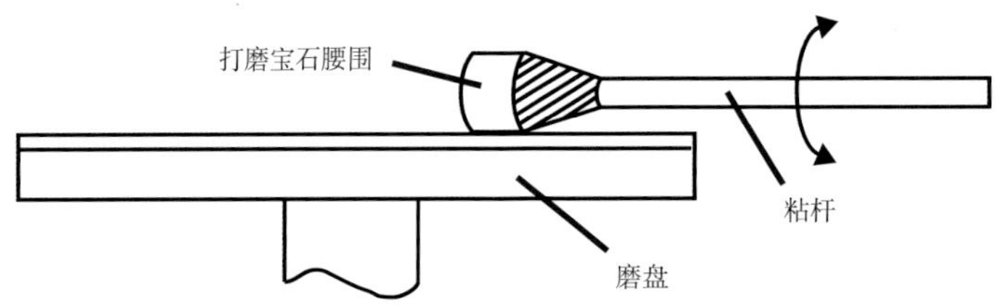

图 9-10　打磨宝石的腰围

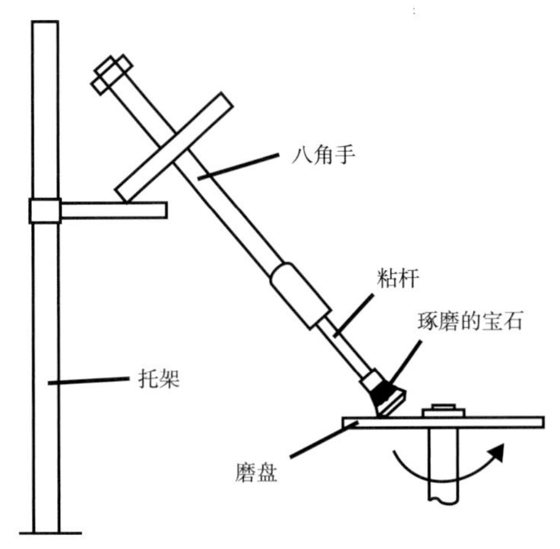

图 9-11　琢磨工具台

图 9-12　琢磨弧面宝石

五、琢磨

使用琢磨工具台（图 9-11），可以琢磨刻面或弧面宝石（图 9-12）。宝石工匠通过调整八角手及托架的高度控制宝石与磨盘之间的角度来琢磨刻面。

以圆形明亮型琢型的琢磨刻面过程为例：

（1）磨出大小适宜的台面，确保台面与腰围平行。

（2）调整托架高度和八角手卡槽，磨冠部主刻面，以对角位置磨出 4 个合适大小的冠部主刻面后，再磨出其余 4 个冠部主刻面（图 9-13）。

图 9-13　琢磨冠部刻面

（3）调整托架高度，磨一侧的上腰小面，要确保面的大小和形状一致，不可磨大，需要边磨边确认（图 9-14、图 9-15）。如若一个面磨大了，为了保证切工的完整和适宜的比例，可能需要重新磨冠部主刻面。这样不仅增加工时，还会造成宝石重量的损失。

（4）一侧的上腰小面磨完后，调整角盘卡槽，磨另一侧的上腰小面，同样要注意边磨边确认，确保同种刻面同形等大。

图 9-14　琢磨宝石中要保持力度均匀

图 9-15　做到边磨边确认，确保同种刻面同形等大

（5）调整托架高度和八角手卡槽，磨星小面，为确保最后台面为正八边形，要同时扩大所有星小面，以确保最后与台面交点正确。完成冠部的琢磨后，再抛光所有冠部的刻面。

（6）用火加热粘杆上的胶，待胶软化后将宝石取下，再将冠部粘在胶上，调整使宝石的中轴与杆平行（图 9-16）。

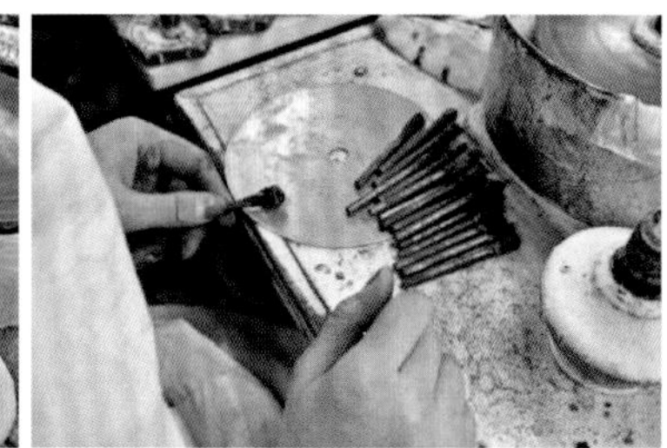

图 9-16　将粘杆上的宝石取下，将冠部与杆粘接，再琢磨亭部

（7）调整托架高度和八角手卡槽，磨对角的 4 个亭部主面，观察其大小，根据大小的不同调节宝石直至能磨出大小相同的 4 个面，亭部主面的底部要能交于底尖一点，上部要能接触到腰围。然后磨其余 4 个面，注意 8 个面的大小和形状一致。

（8）调整托架的高度和八角手卡槽，磨一组下腰小面，注意其在腰部的接触点要位于亭部主面上缘的中心，然后调整角盘卡槽，再磨另外一组（图 9-17、图 9-18）。

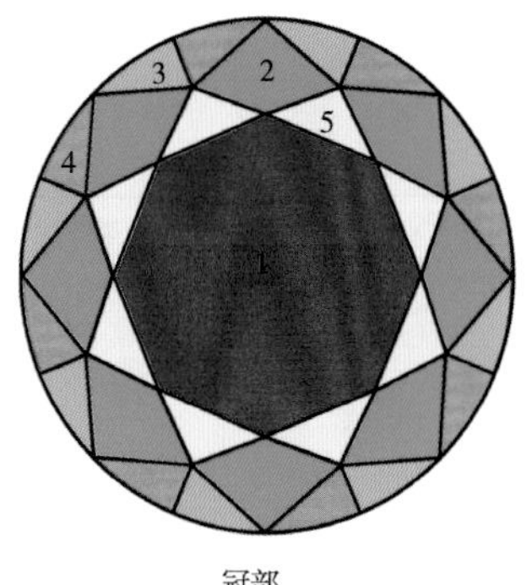

冠部

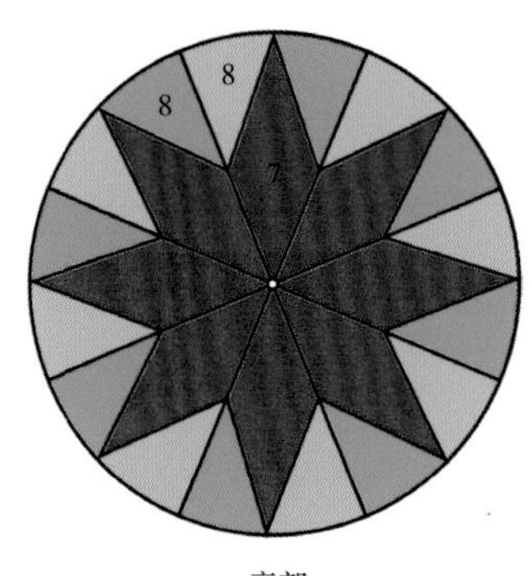

亭部

图 9-17　琢磨圆形明亮型琢型顺序示意图

图 9-18　完成初步琢磨的宝石冠部

六、抛光

红宝石和蓝宝石是自然界里硬度仅次于钻石的宝石品种。所以，只有钻石才能磨动红宝石和蓝宝石，后续抛光使用的也是钻石粉（图 9-19）。通过抛光能使宝石具有美丽的外表，展现出红宝石和蓝宝石光洁的表面与明亮的色泽，将红宝石和蓝宝石的美充分展现出来（图 9-20）。

图 9-19　抛光

图 9-20　抛光前（左）、抛光后（右）的宝石对比

所有工序完成后，工匠将宝石从杆上取下，采用酒精清洗擦干后保存。一颗闪亮的宝石就这样诞生了（图 9-21 ~图 9-24）。再经过镶嵌等工艺，一枚美丽的珠宝首饰就完成了（图 9-25）。

图 9-21 切磨好的蓝宝石
（图片来源：国家岩矿化石标本资源共享平台，www.nimrf.net.cn）

图 9-22 切磨好的绿色蓝宝石
（图片来源：国家岩矿化石标本资源共享平台，www.nimrf.net.cn）

图 9-23 切磨好的粉色蓝宝石
[图片来源：国际有色宝石协会（ICA）]

图 9-24 切磨好的星光蓝宝石
[图片来源：国际有色宝石协会（ICA）]

图 9-25 星光蓝宝石镶钻戒指

第二节

红宝石和蓝宝石的主要市场

近年来，红宝石和蓝宝石市场经历了不少挑战。优质矿床的枯竭、美国和欧盟的贸易禁令以及产出国的动荡局势，都或多或少地影响着市场走势。不过，在国际需求量大增的行情下，红宝石和蓝宝石销售的整体势头仍然相当强劲。

据统计，2009 年全球珠宝零售市场中，彩色宝石与珍珠共同创造了 103 亿美元的销售额。其中，红宝石和蓝宝石占 30%，红宝石的销售额为 21 亿美元，蓝宝石的销售额为 8 亿美元，其中粉色蓝宝石为 5800 万美元。

2005 年苏富比纽约拍卖中，一颗红宝石以每克拉 274656 美元（8.01 克拉，220 万美元）的价格创造了红宝石拍卖的最高单克拉价格。接着，2006 年格拉夫红宝石以每克拉 425000 美元（8.62 克拉，3637480 美元）的价格打破这一纪录。2011 年，一枚梵克雅宝制作的红宝石戒指再次打破纪录，创造了每克拉 512925 美元（8.24 克拉，4226500 美元）的新纪录。2012 年，一颗红宝石以每克拉 551000 美元（6.04 克拉，330 万美元）再次创造纪录。2014 年，格拉夫红宝石再次拍卖，以每克拉 997727 美元（8.62 克拉，828.5 万瑞士法郎，约 860 万美元）又一次创造世界纪录。由此可见红宝石热销的势头强劲。

一、泰国

泰国（Thailand）是全球主要的宝石加工、改善颜色和交易的中心。珠宝零增值税的政策为其市场发展提供了重要支持。据报道，2012 年泰国出口宝石总价值约 6.5 亿美元，其中近一半是由蓝宝石创造的。

（一）曼谷

泰国首都曼谷（Bangkok），在彩色宝石改善颜色和琢磨工艺方面一直位于世界前列，全球超过 80% 的红宝石和蓝宝石是在曼谷加工的（图 9-26），其中 90% 的工序为纯手工作业，从业人员逾百万人。

图 9-26　位于曼谷的宝石切磨工厂

曼谷被誉为“亚洲宝石贸易发动机”，其宝石市场主要有超过 150 年历史的 Mahesak 街和超过 130 家珠宝公司入驻的珍慕铂丽斯自由贸易区（Gemopolis Industrial Estate）。另外，每年春季和秋季，曼谷会举办曼谷国际珠宝展。该展会为全球五大珠宝展之一，已有超过 30 年的历史。

据常年到曼谷选购宝石的商人介绍，初到曼谷宝石市场都要经历一场严峻的“考试”。当地的宝石商会拿出所有能够拿出的仿制品、合成宝石、质量不好的宝石给外来的珠宝商挑选，并用各种美丽的语言来赞美这些宝石。只有当外来的商人通过了“考试”，拒绝了艳丽的仿制品、合成宝石和价格低廉的诱惑，并把这些不合格的宝石都辨认出来，当地珠宝商才会拿出真货给外来的珠宝商挑选，并在持续的交易中成为朋友，向他们提供优质的宝石货源。

（二）庄他武里

庄他武里（Chanthaburi），地处曼谷东南约 250km，是东南亚主要的宝石加工切磨、颜色改善和贸易的中心。

每逢周五、周六及周日，庄他武里的宝石市场（图 9-27）都聚集了大量的经销商。据说，在庄他武里能获得世界最低的批发价，并且交易方式也十分特别，卖家不会坐在桌旁等你选购，而是以一种特殊的方式进行贸易。在这里进行交易的有如下几个关键角色。

图 9-27　庄他武里的宝石交易市场

1. 买家

买家（the Buyers）是富有经验的经销商或专业购买者。

2. 代理人

代理人（the Brokers）是宝石拥有者的法定代表，向买家展示宝石并与有意购买的珠宝商进行谈判。宝石的真正拥有者则很少在市场现身。

3. 助手

助手（the Assistant）是帮助买家与代理人进行交易的工作人员，为交易提供法律指导，促进交易公平进行，帮助买家以最优的价格达成交易。

4. 交易室

交易室（Trading Office）是为交易提供良好的环境的交易场所，有白色的桌子、良好的光源。

买家首先要找到交易室，将需求写在纸上，摆在桌前或贴在玻璃窗上，不到几分钟就有代理人向你展示宝石。

代理人将宝石铺开放在桌上，供买家挑选（图 9-28、图 9-29）。如果宝石符合买家

图 9-28　待售的蓝宝石

图 9-29　待售的红宝石

的要求便开始谈价格，成交价格达成一致后，买家将钱交给代理人，双方确认无误后，买家带着所购买的宝石离开交易室，代理人之后再将钱交给宝石拥有者。

二、缅甸仰光

据文献记载，早在 1044 年缅甸第一王朝时期，红宝石贸易就是缅甸经济来源的重要组成部分。截至 2007 年年底，缅甸提供了世界上 90% 的高品质红宝石，尤其是产于抹谷的鸽血红红宝石，享誉全球。

1995 年，由于孟速红宝石大量出现走私，缅甸政府关闭位于东枝（Taunggyi）的红宝石市场，将合法交易场所迁至仰光。

仰光（Yangon）市中心的昂山市场（Bogyoke Market）（图 9-30）拥有 1600 多家店铺，被誉为“缅甸的缩影”，这里可以买到品质较好的红宝石和蓝宝石。

在缅甸购买宝石简直就是一场刺激的冒险，各种仿冒品、以次充好的宝石充斥在市场中。曾有一位矿物学家在缅甸见到了一块晶形完美、瑕疵极少的红宝石晶体，他用不流利的缅甸语与持有这块晶体的两位少年交流，得知这块红宝石晶体是他们刚刚

图 9-30　位于缅甸仰光的昂山市场

挖出来的，这位矿物学家便毫不犹豫以 10 万美元买下了这粒晶体，结果回国鉴定后才发现，这块附有围岩、自然晶面特征明显的红宝石晶体竟然是用合成红宝石打磨加工出来的。

三、斯里兰卡拉特纳普勒

斯里兰卡是坐卧在印度洋上的一个小岛，与印度一水相隔。斯里兰卡的矿产资源丰富，盛产各种美丽的宝石。最早关于锡兰岛（现斯里兰卡）出产宝石的记载可以追溯到公元前 334 年。自古以来，斯里兰卡就是西亚和欧洲的宝石贸易和集散中心。

马可·波罗在其游记中这样描述斯里兰卡："岛上所产的红宝石比世界上其他任何地方的都要美丽、昂贵。"此外，还出产蓝宝石、托帕石、紫水晶、红色石榴石和其他多种贵重宝石。据说，这位君主（Bhuvanaikabahu I，Dambadeniya 王朝，1271—1283 年在位）拥有一颗世上罕见的、最华美的红宝石，有一指距长，一手臂厚，灿烂无比，没有丝毫瑕疵，还拥有火红的颜色，实属无价之宝。忽必烈大汗曾派使臣来到该国，要以一座城来换这颗宝石。君主的答复是，即使将世上的所有财宝都送给他，他也不会出让此宝，无论如何都不能让这颗红宝石离开自己的国家，这是先人留下的镇国之宝，不能出让给大汗。

拉特纳普勒（Ratnapura），僧伽罗语中意为"宝石之城"，位于首都科伦坡（Colombo）东南约 100km，是斯里兰卡的珠宝加工和交易中心，其中红宝石和蓝宝石的交易是最重要的组成部分。宝石贸易是拉特纳普勒的主要经济来源之一。这里，每天都汇聚了大量的外国宝石商，绝大多数是泰国商人（图 9-31、图 9-32）。

图 9-31　宝石商在斯里兰卡的露天珠宝市场进行宝石交易

图 9-32　产自斯里兰卡的蓝宝石晶体

图 9-33　山东昌乐宝石城

图 9-34　宝石城里交易的经切磨的宝石戒面

四、中国山东昌乐

山东昌乐是中国最著名的蓝宝石产地，产出量大，享有“中国蓝宝石之都”的美誉。

昌乐蓝宝石发现于 1987 年。此前，当地百姓在雨后，经常可以从地里捡到一些棱角分明、颜色深蓝、光照发亮的石头。老人用来打火吸烟，小孩子则用来玩耍，但并不知道这些石头就是蓝宝石。

1987 年，一个偶然的机会，一位地质工程师发现了这些六方柱状晶体，经山东省地质矿产部门检验发现，以昌乐方山为中心，有多处蓝宝石原生矿和砂矿，老百姓们才知道这些石头原来就是蓝宝石。

昌乐中国宝石城（图 9-33）筹备于 1993 年，1996 年完工，是国内较大的红宝石、蓝宝石集散中心，有上百家商户在经营红蓝宝石及其他宝石，有裸石（图 9-34）、雕刻品或已经镶嵌的精美蓝宝石首饰（图 9-35）出售。尽管红宝石和蓝宝石市场在国内还处于起步阶段，但是在有利的竞争环境下，该市场的影响力正在扩大。

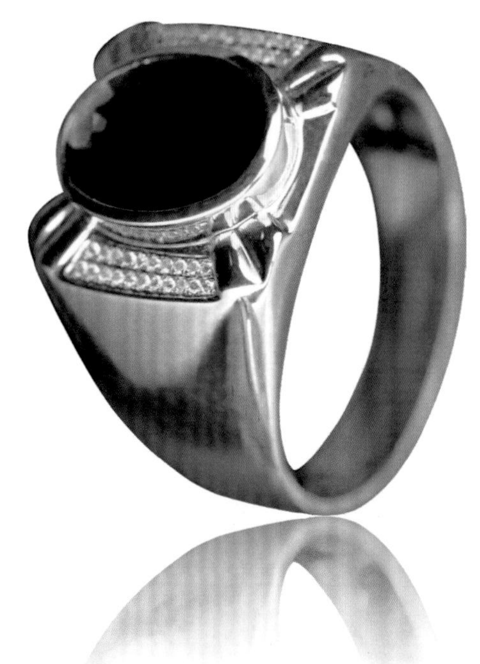

图 9-35　山东蓝宝石镶钻男戒

第十章

Chapter 10

红宝石和蓝宝石首饰的设计及精品赏析

红宝石和蓝宝石以其高雅华贵、清新艳丽给世人无限的遐想。优质的红宝石和蓝宝石是难得的稀世珍宝，曾经是专属皇室贵族的极致珍品，象征权力、地位和财富。现如今，红宝石和蓝宝石首饰走进了大众的文化生活。红宝石、蓝宝石被赋予富贵、温馨的寓意，凝聚了对生活的幸福美好期待和对爱情忠贞不渝的承诺。

正是由于红蓝宝石如此珍奇、瑰丽，红宝石和蓝宝石的设计必须格外用心。从古至今，设计师们传承历史文化、勇于创新、反复推敲，设计与制作出许多独具匠心、精美绝伦的红宝石和蓝宝石首饰作品。

第一节

红宝石和蓝宝石首饰的设计

当今社会全球信息交流日益全面、广泛，文化交流日益快速、频繁，交流方式更加多元化流行时尚的更迭也更加迅速。首饰设计也从单一的风格和手法，向多种风格结合创新的方向转变。另外，首饰设计制作运用的材料不断丰富，设计理念推陈出新，造型设计也越来越别具一格。

目前，首饰设计理念大致可以分为 5 种：即新古典主义风格、自然风格、中式风格、现代风格以及前卫风格。

一、新古典主义风格

复古的潮流从未间断，几乎每隔几年重现一次。这种与简单至上的现代意识相悖的古典主义风格首饰魅力依存。

古典主义风格首饰的工艺高超细腻，材料珍贵大气，色彩绚烂华丽，结构复杂精巧，堪称集大成之作。古罗马的装饰浮雕、维多利亚繁丽的宫廷服饰，以及中式旗袍的典雅衣领、雕梁画栋的明清建筑等都是古典主义风格的灵感之源。这些元素应用到首饰的设计制作上，各有各的韵味。

新古典主义模仿和保留部分古典主义的设计片段和元素，吸收古典主义特有的时代人文气息，在其底蕴深厚的基础上，加入新的时代潮流、新的技术和新的材料，使首饰

时光

蓝宝石镶钻项链

宛如欧式建筑的穹顶，透过穹顶可以看到湛蓝的天空，一圈钻饰如繁星点缀穹顶，最外层环绕着象征纯真的白色鸢尾花。设计富有层次感，镶嵌工艺复杂精致。古典纹饰的运用，仿佛凝结了时光，堪称传世精品。

既有昔日的风采，又有新的时代特征。

红宝石和蓝宝石曾经是古典首饰中备受追捧的宝石品种，它们稀少、珍贵、瑰丽、充满灵性。正因为如此，在新古典主义风格首饰中，红宝石和蓝宝石往往备受青睐。很多新古典主义风格的首饰就是围绕着红宝石和蓝宝石设计制作的。

春光

红宝石镶钻项坠

蔓藤纹是维多利亚时期最常见的首饰饰纹，其灵感来自常青藤。常青藤象征百折不挠、执着追求的坚定信念，既崇尚自由又深沉含蓄，虽不动声色却从不放弃，犹如红宝石，如同我对你的爱。

涟漪

蓝宝石镶钻项坠

梯形钻石的完美运用，使作品富有层次感。仿佛深沉含蓄的爱意，在心中泛起层层涟漪。

苞蕾

红宝石镶钻项坠

作品设计大胆，富有层次感，歌颂年华豆蔻，青春可贵。被钻石拥抱的红宝石，象征生命的活力，仿佛含苞待放的花蕾，即将开启美好的人生。

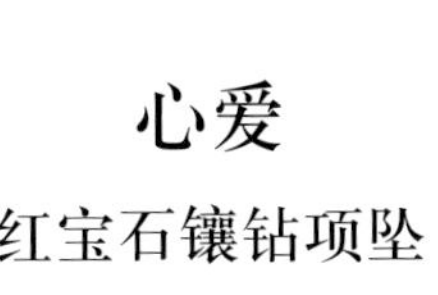

心爱

红宝石镶钻项坠

项坠中钻石组成了“Love”的首写字母“L”，又围成了心形，诉说着爱恋。舒格洛夫切工（Sugarloaf Cut）红宝石，以爪镶的方式缀于其下，个性、灵动、耀眼。

二、自然风格

自然风格首饰旨在体现原生态的韵味，能使佩戴者产生返璞归真、贴近自然之感。

生机勃勃的大自然，是养育人类的母亲，对人类有无限的号召力。无论哪个时代，人们总是渴望重新投入大自然的怀抱。这股回归自然的风尚一直在首饰设计中得以体现。

大自然充满丰富的线条和鲜艳的色彩，娇嫩的花蕾、轻盈的羽毛、光滑的鹅卵石都是设计师的灵感之源。这些以自然生灵为素材的首饰设计作品，不但体现了大自然的神奇和美丽，而且吹过来一种气息——从花朵形的戒指、花束形的胸针、藤蔓形的项链中透露出来的清新质朴的大自然气息。

自然风格的首饰具有柔和的曲线，简约的造型，淳朴的颜色，给佩戴者传递着祥和、纯真、舒适、恬静的讯息。

红宝石和蓝宝石的颜色是大自然最杰出的造化，用自然色装点自然风格的首饰，自然的韵味愈发清晰。

报春花

红宝石镶钻戒指

花瓣部分采用隐秘式镶嵌，将金属爪与镶座隐藏起来。流畅的外形，浑然天成，展示报春花的婀娜多姿。报春花象征青春无悔，任你时光流逝，往昔青葱岁月凝于指间，永放光彩！

四叶草

蓝宝石镶钻戒指

四颗心形蓝宝石组成幸运的四叶草。传说四叶草的每片叶子都有不同的寓意，一叶带来荣誉、一叶带来财富、一叶带来爱情、一叶带来健康。

蓝宝石深邃的颜色质感更增添了有关四叶草传说的神秘色彩。

樱花

红宝石镶钻戒指

柔美的花瓣，鲜红的花蕊，象征爱情与希望的樱花，绽放在春光明媚的季节，随着指尖摆动，传递盎然春意，播撒芬芳柔情。

枫叶之思

蓝宝石镶钻项坠

一片蓝色的枫叶随风飘落，恰好落于你的心上。枫叶象征对往事的回忆与情感的永恒，愿翩翩枫叶带去我对你的思念。

叶

蓝宝石镶钻耳钉

自然风的作品大多给人温婉、清新的感觉。这对耳钉的设计大胆采用了黑金，自然、粗犷、个性张扬。

梦境

蓝宝石镶钻项链

大胆创新的立体设计，藤叶攀附在垫形蓝宝石周围，醉人的蓝色令人遐想，仿佛开启一扇充满魔力的门，让人跃入奇幻的梦境。

花冠

红宝石镶钻项链

春风仿佛淘气的女孩儿，掀开了绿色的被窝，千花万朵绽放枝头，争相斗艳，好一派朝气蓬勃的景象！

三、中式风格

中式风格首饰采用现代首饰加工工艺，表现中国文化独有的意境美。以中国元素为设计核心，将中国的传统文化图腾与时尚设计手法巧妙地结合在一起，将彩色宝石与代表中国传统文化的翡翠、玉石结合在一起，将中国传统文化的精髓与现代工艺表现手法结合在一起，实现了中国传统文化与现代时尚的有机融合。

绽放

红宝石、黄色蓝宝石、翡翠、和田玉、钻石吊牌

朱槿花有“中国玫瑰”之称，古代许多文人墨客以朱槿花作诗，唐朝有多首以其为名的诗，如薛涛的《朱槿花》“红开露脸误文君，司蒡芙蓉草绿云。造化大都排比巧，衣裳色泽总薰薰。”赞叹其犹如汉代才女卓文君一般的娇美姿色。红宝石、钻石与翡翠的完美配搭，造型舒展，现代工艺美与古典文化美交相呼应。

鹦鹉

红宝石、蓝宝石、翠榴石、和田玉、钻石项坠

鹦鹉象征机智聪慧，从古至今深受人们喜爱。它的羽毛由蓝宝石、红宝石、钻石镶嵌而成，象征美丽的人生。鹦鹉立在枝头欢唱，歌声清脆悠扬，婉转动人，传情达意，象征爱情婚姻的美满。

龙飞九天

红宝石、黄色蓝宝石项链

采用钉镶、密钉镶等复杂镶嵌工艺，将飞龙展现得惟妙惟肖，霸气十足。黄龙瞠目张颔，威风凛凛，昂首收腹，张弛有度，一派冲破云端的气势。十个火焰珠代表生活红红火火，十全十美。

吉祥如意

红宝石镶钻手镯

中式祥云图案寓意“渊源共生，和谐共融”，火红的红宝石采用密钉镶嵌工艺，宛如东方冉冉升起的太阳，代表美好的祝愿。

四、现代风格

工业革命之后，尤其是进入 21 世纪以来，追求节省、简约、高效率的工业设计一直受到人们的追捧。工业设计的理念同样影响到了珠宝首饰设计。现代风格的造型特点是将个性化、机械化、几何化的抽象空间和空间结构相结合，并把多种自然形象浓缩在几何符号上。现代风格首饰呼应了现代人简洁精练的审美诉求。

初生

蓝宝石镶钻项链

西方自古以来就有“鹳鸟送子”的传说。该作品犹如一只洁白的鹳鸟，口衔摇篮从远处飞来。蓝宝石就是那初生的孩童，宁静、安逸。爱情的结晶给温馨的家庭增添了幸福、祥和。

雏菊

黄色蓝宝石镶钻项坠及戒指套装

雏菊象征深藏心底的爱。每当这朵雏菊绽放在指间、灿烂在颈上，仿佛就能闻到爱的芳香。

风铃

红宝石镶钻耳坠

红宝石与钻石流苏的完美搭配，仿佛耳畔的风铃与步履一起摇曳。

石榴红

红宝石镶钻项链

色泽饱满的素面红宝石，宛如颗颗熟透了的石榴籽，在阳光的映照下颗颗晶莹，充满生机与活力。

五、前卫风格

从 21 世纪开始，人们更加注重个性的表现，自我表现意识空前。前卫风格的首饰具有自我表现主义的审美取向，追求个性，讲求蕴意、隐喻、象征、雕塑感等。前卫风格的首饰对思维、形象等精神层面有着非常高的追求。前卫风格的出现是人们追求最真实自我的探索结出的硕果，为未来宝石设计开辟了一条新道路。

露珠

蓝宝石镶钻项链

运用抽象的设计理念，将荷塘月色幻化为一条唯美的项链；荷叶上的露珠晶莹闪亮，瞬间的美妙化作了永恒。

方圆

红宝石镶钻项坠

方中有圆，色中有亮，虚中有实，方正而不失圆润，大气而不失灵活。

书卷

蓝宝石镶钻戒指

这枚戒指简约内敛，优雅精致，以翻开的书卷为造型，水滴型蓝宝石如深藏智慧的浪花。

流金岁月

蓝宝石镶钻戒指

这是从岁月长河中喷出的蓝色火焰，圣洁的火焰亮了流动的金河，成为一段最美妙的时光。

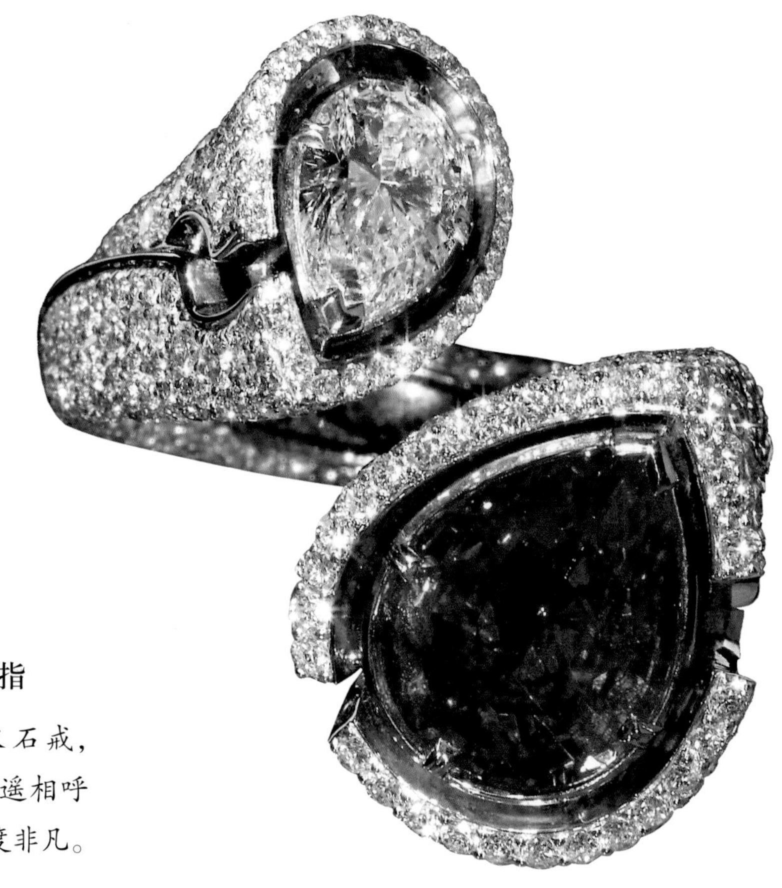

双面娇娃

红宝石、钻石戒指

红宝石、钻石双石戒，水滴型红宝石与钻石遥相呼应，大气、奢华、气度非凡。

沙漠之迆

橙色蓝宝石镶钻戒指

在橙色蓝宝石的点缀下，小龙身披霞光，
生动逼真。龙是土地与水的象征、
不朽和再生的标志，寓意权贵与财富。

第二节

红宝石和蓝宝石精品赏析

星月童话

蓝宝石镶钻项链

天际洒下的繁星，月下羞涩的鲜花，

如今全都摇曳在你的玉颈，美轮美奂。

爱丽丝

蓝宝石镶钻项链

翩飞的蝴蝶，娇美的水滴，沉醉的蓝，宛如一个迷幻的梦境。

花火

红宝石镶钻项链

一朵朵光芒四射的烟花划过夜幕，优雅的弧线勾勒出夜的璀璨。眼前那一抹红色剪影，已幻化为心中浓浓爱意，庆祝此生厮守相伴。

心链

红宝石镶钻项链

记忆的链条是用心穿起的点滴，每一次心动的瞬间都在诉说爱意。

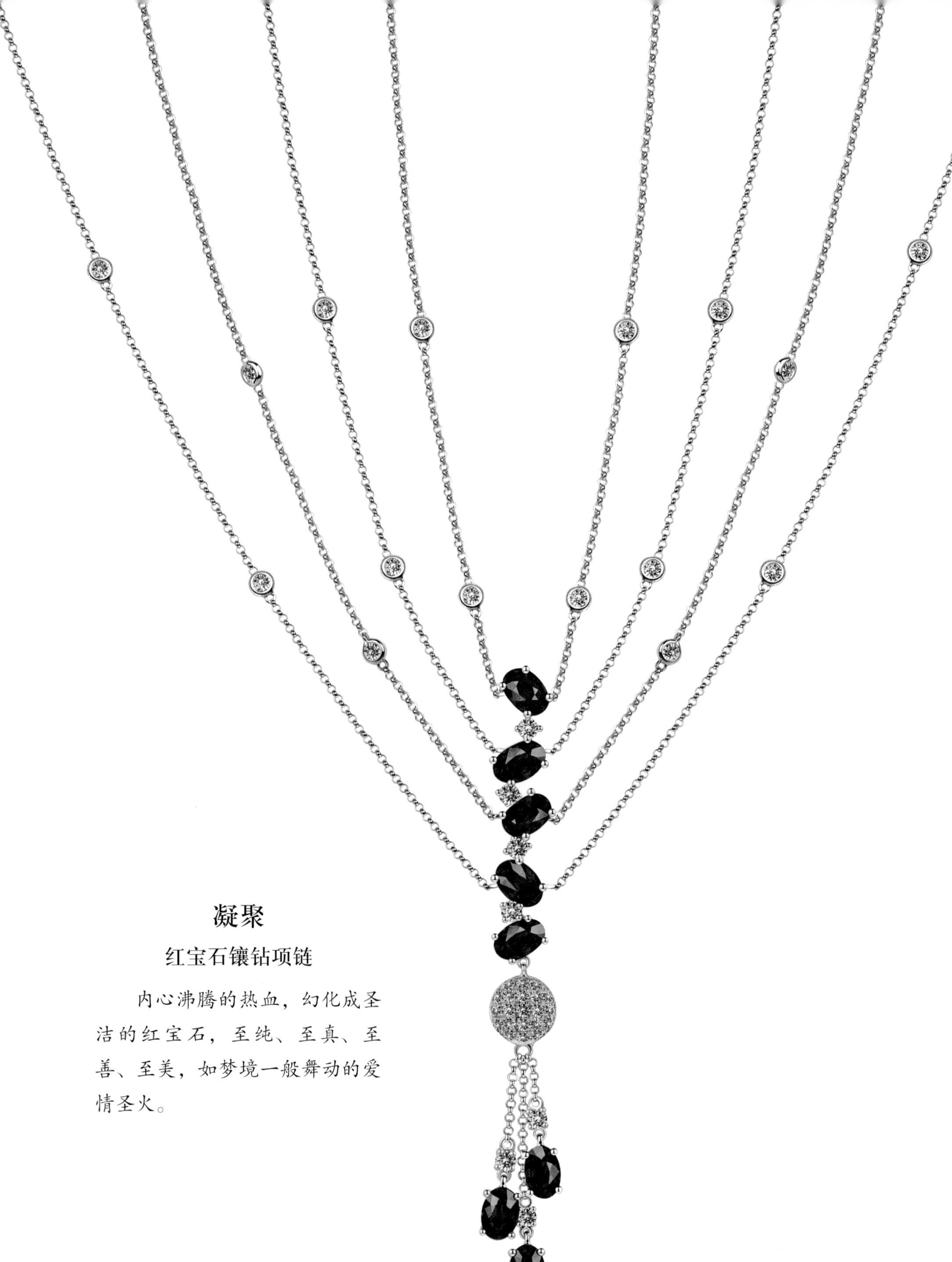

凝聚

红宝石镶钻项链

内心沸腾的热血，幻化成圣洁的红宝石，至纯、至真、至善、至美，如梦境一般舞动的爱情圣火。

凝望

蓝宝石镶钻项链

蓝是希望的凝结，蓝是深沉的寄托，倾泻而下的钻瀑，随着你的步履摇曳，闪烁着璀璨的光芒。

情蔓

蓝宝石镶钻吊坠

在华贵的古典宫廷风格中，藤蔓围绕着心形的蓝宝石，诉说华丽柔美，诉说赠予，诉说一心相随。

真心相拥

红宝石镶钻吊坠

张开双臂，像天使的翅膀一样拥抱你，心与心相拥，感受彼此的心跳。

珍爱

蓝宝石镶钻吊坠

璀璨的钻石环绕高贵的蓝宝石，一抹深蓝凝聚了世间的宠爱，游刃于奢华与品位之间。

结缘

蓝宝石镶钻吊坠

轻柔的蝴蝶结仿佛可以被打开，把我的真心送给你。

柔情

红宝石镶钻胸针

一捧用红宝石做成的弯月形花束，最诚挚的承诺，最浪漫的爱意，幸福之情溢于言表！

佳人

蓝宝石镶钻胸针

身着钻袍的蓝宝石，仿佛身着华服的佳人，衣裙飘飘，雍容华贵，艳压群芳，尽显皇家风范。

垂香

红宝石镶钻耳坠

7月的红宝石盛开在典雅的欧式蔓藤之中，华丽而复古。垂坠的流苏仿佛密叶中隐藏着歌鸟，夏风拂过，散发出淡淡的幽香。正如：紫藤挂云木，花蔓宜阳春。密叶隐歌鸟，香风留美人。

参考文献

[1] 陈涛，杨明星. Be扩散处理、热处理和天然双色昌乐蓝宝石的宝石学特征与鉴别 [J]. 光谱学与光谱分析，2012，3：651-654.

[2] 丁振华. 山东蓝宝石的呈色机制 [J]. 矿物学报，1993，13（1）：46-51.

[3] 董秉宇，张建洪. 天然红宝石、蓝宝石的热处理 [J]. 国外非金属矿与宝石，1990,（6）：49-51.

[4] 郭守国. 世界红蓝宝石资源 [J]. 中国宝石，2005，14（3）：54-56.

[5] 何明跃，郭涛. 山东昌乐蓝宝石矿物学及其改色 [M]. 北京：地质出版社，1999.

[6] 金志云. 蓝宝石改色的原理及方法 [J]. 地质科技情报，1988，7（4）：35-41.

[7] Karl Schmetzer，Dietmar Schwarz. 未处理、热处理与扩散处理橙色和粉橙色蓝宝石的颜色成因 [J]. 宝石和宝石学杂志，2005，1：1-10.

[8] 李东升，宁海波. 斯里兰卡蓝宝石和缅甸蓝宝石宝石学特征对比研究 [J]. 珠宝科技，2003，15（2）：55-59.

[9] 李立平，陈华，罗劬侃. GemDialogue 和 GemSet 颜色系统在有色宝石颜色描述和分级中的应用 [J]. 宝石和宝石学杂志，2005，7（1）：20-24.

[10] 李立平，业冬. 铬和钒在宝石变色效应中的作用 [J]. 宝石和宝石学杂志，2003，5（4）：19-21.

[11] 刘自强，陈炳忠. 宝石加工工艺学 [M]. 武汉：中国地质大学出版社，2011.

[12] 罗红宇，张建洪. 红宝石与蓝宝石的质量评价及其他 [J]. 珠宝科技，1993，4：33-36.

[13] 吕林素，何雪梅，汪云峰，等. 红、蓝宝石的优化处理方法与鉴定技巧 [J]. 中国宝石，2007，16(1)：97-99.

[14] 吕林素，刘珺，李宏博．红、蓝宝石的加工技法 [J]．宝石和宝石学杂志，2006，1：22-25.

[15] 吕新彪．宝石款式设计与加工工艺 [M]．武汉：中国地质大学出版社，1994：61-93.

[16] 孟宪梁，高博禹，马宝林，等．肯尼亚和坦桑尼亚宝石矿地质特征 [J]．建材地质，1993，2：20-23.

[17] M.S.Rupasinghe，C.B.Dissanayake，石其光．斯里兰卡沉积宝石矿床中的稀土元素丰度（一）[J]．国外非金属矿，1986，5：14-17.

[18] 彭觥．斯里兰卡的宝石资源与开发 [J]．中国地质，1995，11：28-33.

[19] 亓利剑，曾春光，曹姝旻，等．扩散处理合成蓝宝石的特征及其扩散机制 [J]．宝石和宝石学杂志，2006，8（3）：4-9.

[20] 亓利剑，曾春光．一种体色呈蓝色的铍扩散处理蓝宝石 [J]．宝石和宝石学杂志，2008，1：1-4.

[21] 任进，王芳．创意无限 珠宝首饰设计进阶 [M]．北京：社会科学文献出版社，2009：64-76.

[22] 任树民．元代的回回珠宝商 [J]．西北第二民族学院学报（哲学社会科学版），1998，3：13-14+23.

[23] Robert，Raymond，Coenraads. 澳大利亚的蓝宝石采矿业 [J]．邹进福（译）．桂林工学院学报，1992，3：320-322.

[24] 宋晶晶，郭守国．"达碧兹"蓝宝石结构及其痕量元素分布的光谱学研究 [J]．应用激光，2009，29(1)：64-67.

[25] 宋岘．“回回石头”与阿拉伯宝石学的东传 [J]．回族研究，1998，3.

[26] 孙宏娟，莫宣学，林培英，等．蓝宝石主要致色元素与其颜色关系的实验研究 [J]．岩石学报，1998，14（3）：381-388

[27] 汤素仁．蓝宝石质量评价的初步研究 [J]．珠宝，1991，1：39-40.

[28] 王卉．阜平变色蓝宝石的 La-ICP-MS 分析及变色机理探讨 [D]．北京：中国地质大学（北京），2009.

[29] 王濮，等．系统矿物学 [M]．北京：地质出版社，1987.

[30] 王颖．世界著名红宝石 [J]．中国宝石，2008，1：175-176.

[31] 王颖．知名宝石传奇史话 [J]．中国宝石，2012，5：101.

[32] 王正立．斯里兰卡的矿产地质工作概况 [J]．中国地质，1988，2：27-28.

[33] 谢筱婷．元代回回商人与西域珠宝的输入 [J]．科教导刊（中旬刊），2010，7：245-246.

[34] 业冬，刘学良．云南元江红宝石的宝石学特征研究 [J]．宝石和宝石学杂志，2006，8（3）：21-24.

[35] 喻铁阶，王京生．马达加斯加国宝石资源及其开发前景考察 [J]．矿产与地质，1993，1-6：361-366.

[36] 袁建伟．中国蓝宝石矿床的发现史证 [J]．中国宝玉石，2002，(3)：75-76.

[37] 张蓓莉，Dietmar Schwarz（德），陆太进．世界主要彩色宝石产地研究 [M]．北京：地质出版社，2012.

[38] 张蓓莉，陈华，孙凤民．珠宝首饰评估 [M]．北京：地质出版社，2000.

[39] 张蓓莉．系统宝石学 [M]．北京：地质出版社，2006.

[40] 张恩，彭明生．优化处理的红、蓝宝石中包裹体的变化和应用 [J]．矿产与地质，2002，16（1）：40-43.

[41] 张敬阳，袁心强. 福建明溪蓝宝石矿物学特征及致色机理探讨［J］. 岩石矿物学杂志，2001，20（2）：162-166.

[42] 张娟，薛秦芳. 云南哀牢山红宝石晶体及其表面微形貌研究［J］. 宝石和宝石学杂志，2006，8（1）：15-17.

[43] 张娟，薛秦芳. 云南哀牢山红宝石晶体及其表面微形貌研究［J］. 宝石和宝石学杂志，2006，8（1）：15-17.

[44] 张培强，马宇. 山东蓝宝石的主要致色因素［J］. 地质找矿论丛，2006，21（2）：115-119.

[45] 章鸿钊. 石雅［M］. 上海：上海书局，1928：102-104.

[46] 中国基督教三自爱国运动委员会. 圣经 附赞美诗（新篇）［M］. 上海：中国基督教协会，2011.

[47] 周汉利. 宝石琢型设计及加工工艺学［M］. 武汉：中国地质大学出版社，2009：91-114.

[48] 邹宁馨，伏永和，高伟. 现代首饰工艺与设计［M］. 北京：中国纺织出版社，2005：110-127.

[49] GB/T 16553-2010. 珠宝玉石 鉴定［S］. 北京：中国标准出版社，2010.

[50] QB/T 4189-2011. 贵金属首饰工艺质量评价规范［S］. 北京：中国轻工业出版社，2011.

[51] Adof Pesetti，Karl Schmetzes，Heinz-Jiirgen Bernhadt，Fred Mouawad. Rubies from Mong Hsu［J］. Gems & Gemology，1995（Spring）：2-26.

[52] Atkinson D，Kothavala R Z. Kashmir sapphire［M］. 1983.

[53] Bonewitz R，Carruthers M W，Efthim R. Rock and gem［M］. Dorling Kindersley，2005.

[54] Bowersox G W，Foord E E，Laurs B M，et al. Ruby and Sapphire from Jegdalek Afghanistan［J］. Gems & Gemology，2000.

[55] Crowningshield G R. Padparadscha：what's in a name'［J］. Gems & Gemology，1983，19（1）：30-36.

[56] David Owen. The Conundrum［M］. Riverhead Trade，2012.

[57] Emmett J L，Douthit T R. Heat treating the sapphires of Rock Creek，Montana［J］. Gems & Gemology，1993，29（4）：250-272.

[58] Emmett J L，Scarratt K，McClure S F，et al. Beryllium diffusion of ruby and sapphire［J］. Gems & Gemology，2003，39（3）：84-135.

[59] Guo J，Wang F，Yakoumelos G. Sapphires from Changle in Shandong Province，China［J］. Gems & Gemology，1992，28（4）：255-260.

[60] H. A. Hanni，K. Schmetzer. New Rubies from the Morogoro area，Tanzania［J］. Gems & Gemology，1991（Fall）：156-167.

[61] John I. Koivula，Robert C. Kammerling. A Gemological Look At Kyocera's New Synthetic Star Ruby［J］. Gems and Gemology，1988：237-240.

[62] K. Schmetzer，H.A.Hanni，E.P.Jegge，E-J. Schupp. Dyed Natural Corundum as a Ruby Imitation［J］. Gems & Gemology，1992：112-115.

[63] Kane R E. The gemological properties of Chatham flux-grown synthetic orange sapphire and synthetic blue sapphire［J］. Gems & Gemology，1982，18（3）：140-153.

[64] Kane R E. The Ramaura synthetic ruby [J]. Gems& Gemology, 1983, 19 (3): 30–146.

[65] Karl Schmetzer, Heniy A, Hanni, Heinz–Jurgen Bernhardt, Dietmar Schwarz. Trapiche Ruby [J]. Gems & Gemology, 1996 (Winter): 242–250.

[66] Keller P C, Fuquan W. A survey of the gemstone resources of China[J]. Gems and Gemology, 1986, 22(1): 9–10.

[67] Keller P C. The Chanthaburi–Trat gem field, Thailand [J]. Gems & Gemology, 1982: 186–196.

[68] Keller P C. The rubies of Burma: a review of the Mogok stone tract [J]. Gems & gemology, 1983: 209–219.

[69] Le Thi–Thu Huong, Tobias Häger, Wolfgang Hofmeister, et al. Gemstones from Vietnam: an Update [J]. Gems & Gemology, 2012 (Fall): 158–176.

[70] Marco Polo. The Travels of Marco Polo [M]. Harvard College Library, 1845: 284.

[71] Martin Ehrmann. Gem Mining in Burma [J]. Gems and Gemology, 1957: 3–30.

[72] Nassau K, Valente G K. The seven types of yellow sapphire and their stability to light [J]. Gems and Gemology, 1987: 222–231.

[73] Nassau K. Heat treating ruby and sapphire: Technical aspects [J]. Gems & Gemology, 1981, 17 (3): 121–131.

[74] New American Standard Bible (1995) [M]. Anaheim: Foundation Publication Inc, 1998 (1).

[75] Nguyen Ngoc Khoi, Chakkaphan Sutthirat, Duong Anh Tuan, et al. Ruby and Sapphire from the Tan Huong–Truc Lau area, Yen Bai Province, Northern Vietnam [J]. Gems & Gemology, 2011 (Fall): 182–195.

[76] Pardieu V, Jacquat S, Senoble J B, et al. Expedition report to the Ruby mining sites in Northern Mozambique (Niassa and Cabo Delgado Provinces): Bangkok [J]. Thailand, GIA Laboratory Bangkok, 2009.

[77] Peter C. Keller. The Chantuaburi–trat Gem Field, Thailand [J]. Gems & Gemology, 1982 (Winter): 186–196.

[78] Richard W. Hughes. Ruby & Sapphire [M]. RWH Publishing, 1997 (12) .

[79] Robert E. Kane, Robert C. Kammerling. Status of Ruby and Sapphire mining in the Mogok stone tract [J]. Gems & Gemology, 1992 (Fall): 152–174.

[80] Russell Shor, Robert Weldon. Ruby and Sapphire Production and Distribution: a quarter century of change[J]. Gems & Gemology, 2009 (Winter): 236–259.

[81] Schmetzer K, Hänni H A, Bernhardt H J, et al. Trapiche rubies [J]. Gems & Gemology, 1996, 32 (4): 242–250.

[82] Schwarz D, Pardieu V, Saul J M, et al. Rubies and sapphires from Winza, central Tanzania [J]. Gems and Gemology, 2008, 44 (4): 322–347.

[83] Shor R, Weldon R. Ruby and Sapphire Production and Distribution: A Quarter Century of Change [J]. Gems & Gemology, 2009: 45 (4) .

[84] Smith C P. Diffusion ruby proves to be synthetic ruby overgrowth on natural corundum [J]. Gems & Gemology, 2002, 38: 240–248.

[85] U Tin Hlaing. Ruby and other gems from Nanyaseik, Myanmar [J]. Gems & Gemology, 2008 (Fall): 269-271.

[86] Vincent Pardieu, Jitapi Thanachakaphad, Stephane Jacquat, et al. Rubies from the Niassa and Cabo Delgado regions of Northern Mozambique [R]. GIA: Status Report, 2009.

[87] Vincent Pardieu, Supharart Sangsawong, Jonathan Muyal, et al. Rubies From The Montepuez Area (Mozambique) [R]. GIA: News From Research, 2013.

[88] Yager T R, Menzie W D, Olson D W. Weight of Production of Emeralds, Rubies, Sapphires, and Tanzanite from 1995 through 2005 [M]. US Geological Survey, 2008.

[89] Zwaan P C. Sri Lanka: the gem island [J]. Gems & Gemology, 1982: 62-71.

专业名词中英文对照表

A

Alan Caplan Ruby	阿兰卡普兰红宝石
American Museum of Natural History	美国自然历史博物馆

B

Baguette Cut	阶梯型
Beryllium-diffusion treatment	铍扩散处理
Black Prince’s Ruby	黑王子红宝石
Black Star of Queensland	昆士兰黑星
Blue Giant of the Orient	东方蓝巨人

C

Carat Weight	克拉重量
Carat，ct	克拉
Carmen Lucia Ruby	卡门·露西娅红宝石
Clarity	净度

Color	颜色
Color-change Sapphire	变色蓝宝石
Cornflower Blue	矢车菊蓝
Corundum	刚玉
Cushion Cut	垫型
Cutting	切工

D

DeLong Star Ruby	德隆星光红宝石
Diffusion	扩散处理
Drop Brilliant Cut	水滴形明亮型
Dyeing	染色处理

E

Emerald Cut	祖母绿型

F

Flame Fusion Method	焰熔法
Flux Method	助熔剂法
Fracture Filling	裂隙充填

G

Garnet	石榴石

H

Heart Brilliant Cut	心形明亮型
Heated	有烧、烧过
Heating	热处理
Hixon Ruby	希克森红宝石
Hydrothermal Method	水热法

I

Iolite	堇青石

Irradiation	辐照处理

K

Kyanite	蓝晶石

L

Lattice Diffusion	晶格扩散
Lily Safra's "Hope" Ruby	萨弗拉的“希望”红宝石
Logan Sapphire	罗根蓝宝石

M

Marquise Brilliant Cut	马眼形明亮型
Mogok	抹谷
Mong Hsu	孟速

N

Natural History Museum of Los Angeles County	美国加利福尼亚州洛杉矶市州立自然历史博物馆

O

Oiling	浸油
Oval Brilliant Cut	椭圆形明亮型

P

Padparadscha	帕德玛蓝宝石
Pigeon Blood	鸽血红
Princess Cut	公主方型
Puertas Ruby	普埃塔斯红宝石
Pushhparaga	斯里兰卡黄色蓝宝石

Q

Queen Marie of Romania's Sapphire	罗马尼亚玛丽王后的蓝宝石
Queen Victoria Sapphire Brooch	维多利亚女王的蓝宝石胸针

R

Round Brilliant Cut	圆形明亮型
Royal Blue	皇家蓝
Rubilite	红宝碧玺
Ruby	红宝石

S

Sapphire	蓝宝石
Smithsonian Institution	史密森学会
Spinel	尖晶石
St.Edward's Sapphire	圣・爱德华蓝宝石
Star of Asia	亚洲之星
Star of Bharany Ruby	布拉尼之星
Star of India	印度之星
Stewart Sapphire	斯图尔特蓝宝石
Synthetic Spinel	合成尖晶石

T

Tanzanite	坦桑石
The Graff Ruby	格拉夫红宝石
The Maria Alexandrovna Sapphire Brooch	玛丽亚・亚历山德罗芙娜蓝宝石胸针
The Midnight Star	午夜之星
The National Museum of Natural History	美国国家自然历史博物馆
Timur Ruby	帖木儿红宝石
Tourmaline	碧玺
Trapiche	达碧兹
Trilliant Cut	三角形明亮型